Geologische Streifzüge durch die Eifel
– Gesteine prägen Landschaft und Architektur –

Mit freundlicher Unterstützung der Stiftung Stadt Wittlich.

© 2005
2. Auflage
RHEIN-MOSEL-VERLAG
Alf/Mosel
Bad Bertricher Str. 12 D-56859 Alf
Tel. 06542/5151 Fax 06542/61158
Alle Rechte vorbehalten
ISBN 3-89801-013-9
Satz und Gestaltung: Cornelia Czerny
Korrektur: Thomas Stephan
Fotografien: Wolfgang Spielmann
Druck: Offsetdruck Knopp, Wittlich

Titelmotiv: Alte Basaltgrube bei Ettringen
Rückseite: Alter »Boar« in Neidenbach

Wolfgang Spielmann

Geologische Streifzüge durch die Eifel

– Gesteine prägen
Landschaft und Architektur –

Inhalt

Der Muschelkalk liefert fruchtbare Böden, ist aber auch als Baustein sehr beliebt.
(hier Abbau bei Meckel)

Vorwort

Als Leopold von Buch, einer der Stammväter der deutschen Geologie, in einem Brief vom 12. August 1820 an den Trierer Gymnasiallehrer Johann Steininger (1794-1878) die vulkanischen Erscheinungen in der Eyffel als das Besondere dieser Region herausstellte, schlug höchstwahrscheinlich die Geburtsstunde der Entdeckungsgeschichte dieser bis dahin kaum beachteten Landschaft. Am 14. Mai 1853 ergänzt dann Steininger in seinem Buch »Geognostische Beschreibung der Eifel«: »Aber nicht nur die erloschenen Vulkane haben die Naturforscher in der neueren Zeit in die Eifel geführt; auch die Versteinerungen, welche in den Umgebungen von Gerolstein und Prüm vorkommen, haben eine früher nur wenig gekannte Bedeutung erhalten.«

Die Eifel, die den nordwestlichen Teil des heutigen Rheinischen Schiefergebirges ausmacht, stellt in der Tat bezüglich ihrer Geologie etwas ganz Besonderes dar. Hierin hebt sie sich nicht nur gegenüber den anderen Rheinischen Teillandschaften Hunsrück, Taunus und Westerwald ab, sondern in ganz Mitteleuropa gibt es kaum eine Region von ähnlicher Größenausdehnung, in der die verschiedenartigen erdgeschichtlichen Vorgänge noch so deutlich dokumentiert sind wie in der Eifel.
Bei einer Fahrt durch diese Mittelgebirgslandschaft eröffnet sich dem interessierten Naturbeobachter auf relativ kleiner Fläche der Blick in die Harmonien, Zusammenhänge und Ordnungen erdgeschichtlicher Evolution. Sind es hier gelblich-graue Gesteine, die z. B. natürli-

Tief haben sich viele Eifelbäche in das Grundgebirge eingeschnitten.
(Liesertal bei Üdersdorf)

che Steilwände an einem kleinen Fluss bilden, so lassen sich vielleicht schon wenige Kilometer weiter rötliche Sandsteinbänke beobachten, die durch einen Straßenbau aufgeschlossen (sichtbar) wurden. Dem aufmerksamen Betrachter werden auch nicht die zahlreichen Steinbrüche entgehen, in denen Sandsteine, Basalt, Bimstuffe oder kalkig-mergeliges Material abgebaut werden.

Es wird ihm ebenso auffallen, dass das Vorkommen bestimmter Gesteinsarten, d. h. der geologische Aufbau sich weitgehend im Landschaftsbild widerspiegelt. In solchen Regionen im Eifelraum, wo die Gesteine horizontal oder nur schwach geneigt lagern, wird man ein flachhügeliges Relief mit nicht selten fruchtbaren Böden bemerken, in anderen Gegenden wiederum, wo die anstehenden Formationen unterschiedliche Verwitterungsresistenz zeigen, wird das Landschaftsbild sehr abwechslungsreich sein. Von tiefschluchtigen, bewaldeten Tälern zerteilte Hochflächen sorgen für einen gewissen landschaftlichen Reiz, den der Naturfreund als besonders wohltuend empfindet. Hier sind noch stundenlange Wanderungen abseits vom Lärm der Zivilisation möglich. Das leise Plätschern des den Fußpfad begleitenden Bächleins und die würzige, sauerstoffreiche Luft wirken dabei wie Balsam auf Körper und Seele. An anderer Stelle, wo wegen der extremen Steillage der Wald nicht Fuß fassen kann, hat der Wanderer Gelegenheit, gigantische Verwerfungen und Auffaltungen der Gesteinsschichten zu bestaunen, die durch endogene Kräfte vor Jahrmillionen entstanden sind und durch die anschließende stetige Arbeit des fließenden Wassers herauspräpariert wurden.

In der Wolfsschlucht bei Manderscheid lässt ein alter Aufschluss dicht aufgereihte Basaltsäulen in Erscheinung treten.

8

Wenngleich all diese geologischen Formationen des Erdaltertums und -mittelalters durch ihre Formen- und Farbenmannigfaltigkeit bei den meisten Naturliebhabern eine gewisse Bewunderung oder sogar Begeisterung auslösen können, den Höhepunkt der geologischen Gegebenheiten im Eifelland stellen ohne Zweifel die vulkanischen Erscheinungen der Erdneuzeit dar. Ihretwegen kommen Tausende von

Vulkankuppen bestimmen oft das Landschaftsbild der Osteifel.

Besuchern Jahr für Jahr in die Eifel, um »das ganz Besondere« dieser Region zu besichtigen. Geologen, Paläontologen und Vulkanologen aus dem In- und Ausland führen hier wissenschaftliche Untersuchungen durch. Die große Masse der an der Eifel interessierten Leute setzt sich aber aus Hobbygeologen, Fossilien-

Manche kleine Eifelmaare sind durch Verlandungsprozesse zu Hochmooren umgewandelt worden, wie hier das Dürre Maar bei Gillenfeld.

Die Hauptattraktion der Osteifeler Vulkanlandschaft ist zweifelsohne der Laacher See. Etwa 2 Millionen Besucher kommen jedes Jahr hierher.

Die naturgegebene Hauptattraktion im Eifelraum stellt zweifelsohne der Laacher See dar. Zwei Millionen Besucher kommen jedes Jahr zu diesem 3,3 Quadratkilometer großen Binnengewässer, das seiner Entstehung nach weder ein Maar noch einen Kratersee darstellt. Die wenigsten Touristen werden sich allerdings die Zeit nehmen, um auf einem etwa eineinhalbstündigen Rundgang immer wieder neue bezaubernde Ausblicke auf den See zu genießen. Goethe, der den Laacher See 1815 besuchte, zweifelte Zeit seines Lebens an der vulkanischen Natur dieses Binnengewässers. Er war, wie die anderen Neptunisten, der Meinung, dass Bimssteine und säulige Basalte aus dem Wasser des Urmeeres auskristallisiert seien. Fast vierzig Jahre vor Goethes Besuch hatte Collini eine ganz andere Auffassung von der Entstehung des Laacher Sees vertreten. Danach soll dieser aus einem sehr wichtigen Vulkan entstanden sein, der sich selbst versenkt hätte und dadurch verloschen sei. Collini und seine Anhänger (Plutonisten) waren also ihrer Zeit voraus, während Goethe, selbst nach dem Tode seines Freundes A. G. Werner, einer der führenden Geognosten seiner Zeit und Verfechter des Neptunismus, sich nie von dieser Lehrmeinung trennen konnte.

Die zahlreichen Mineralquellen, die in den verschiedensten Messtischblättern und Wanderkarten der Eifel zu finden sind, las-

sammlern und auch solchen Eifelliebhabern zusammen, die Ruhe und Erholung in einer noch weitestgehend intakten Naturlandschaft suchen.

Die vulkanischen Tätigkeiten in der jüngsten Phase unserer Erdgeschichte haben in der Eifel Formen hinterlassen, die die Einzigartigkeit dieser Mittelgebirgslandschaft ausmachen. Da sind zunächst die kegelförmigen vulkanischen Kuppen, die während einer Eifelrundfahrt dem Besucher schon auf größere Distanz auffallen werden. Nicht nur die äußere Form, sondern auch der innere Aufbau ist bei den einzelnen Vulkantypen sehr unterschiedlich. In einer anderen Teillandschaft der Eifel sind es die Maare, die »Augen der Eifel«, die mit ihrer geheimnisvollen Schönheit die Naturfreunde in ihren Bann ziehen. Nicht zu vergessen die Maarmoore, die nach einem Jahrhunderte währenden Verlandungsprozess heute mit einer seltenen Tier- und Pflanzenwelt aufwarten und nicht nur bei Hauptfachbiologen Begeisterung hervorrufen.

Zeugen des einstigen Vulkanismus in der Eifel sind auch die zahlreichen Mineralquellen, hier »Drees« genannt.

Grube Casper bei Ettringen: aus einer hohen Vulkankuppe ist durch Abbauvorgänge ein tiefes Loch in der Erde entstanden.

Die untergehende Wintersonne lässt die Oberflächenstruktur der Eifellandschaft besonders plastisch hervortreten.

sen sich als jüngste Relikte der einstigen feurigen Vergangenheit ansehen.

Die meisten der älteren Leser haben in der Schule so gut wie nichts von geologischen Fakten erfahren. Im Gegensatz zur Biologie und den anderen Naturwissenschaften kommt auch heute noch die Geologie im Schulunterricht sehr schlecht weg, so dass viele Erwachsene über nur geringe geologische Kenntnisse verfügen.

Die heutige Geologie wird in eine Reihe von Teildisziplinen aufgegliedert, von denen in neuester Zeit der Umweltgeologie eine besondere Rolle zufällt.

Diese befasst sich u. a. mit der Nutzung der geologischen Gegebenheiten durch den Menschen und der damit verbundenen Umwandlung von Naturlandschaft in Kulturlandschaft. Gerade in der jüngsten

Zeit, in der der Mensch dabei ist, die natürlichen Grundlagen des Lebens wie Boden, Wasser und Rohstoffe ernsthaft zu gefährden, ist diese geologische Disziplin besonders gefordert. Denn jeden Tag aufs Neue werden zum Zwecke der Urbanisierung oder Rohstoffgewinnung so gravierende Eingriffe in die Erdoberfläche vorgenommen, dass bereits von einer Vernichtung natürlicher Gegebenheiten gesprochen werden kann. Hier in der Eifellandschaft bekommt der Besucher diese zerstörerischen Vorgänge oft allzu drastisch vor Augen geführt.

Durch geologische Öffentlichkeitsarbeit kann ein möglichst breites Umweltbewußtsein injiziert werden. An dieser Stelle seien die Geopfad-Projekte erwähnt, die von den einzelnen Verbandsgemeinden in der Eifelregion mit viel Engagement durchgeführt werden.

Umweltschutz setzt eine gewisse Kenntnis der Umweltfaktoren und ihrer Wechselbeziehungen voraus. Diese sollte einem möglichst breiten Publikum nahegebracht werden.

Das vorliegende Buch will vor allem den interessierten Laien, sei er einheimischer oder auswärtiger Eifelliebhaber, ansprechen. Es möchte ihm einige der einzigartigen geologischen Gegebenheiten dieses Raumes näherbringen und dabei versuchen, etwas Erstaunen und Bewunderung für die Zeugen geologischer Evolution zu erzielen.

Die mit viel Zeitaufwand zu allen Jahreszeiten im gesamten Eifelraum gemachten Farbfotographien sollen ihn beim Durchblättern des Werkes inspirieren, die eine oder andere der abgebildeten geologischen Einzigartigkeiten aufzusuchen und vor Ort auf sich einwirken zu lassen. Dabei möge ihm auch bewusst werden, dass die Fotos Momentaufnahmen vom schnellen durch den Menschen verursachten Wandel geomorphologischer Strukturen in der Landschaft darstellen.

Um funktionstüchtig zu bleiben, darf dem wertvollen Allgemeingut Landschaft nur noch eine äußerst schonende Behandlung zukommen. Dies ist in einer Epoche, wo fast jeder Bürger über sehr viel Freizeit verfügt und der Tourismus ungeahnte Ausmaße erreicht hat, nicht gerade einfach zu praktizieren. Wir können nur hoffen und wünschen, dass dieses Buch dazu beiträgt, das Umweltbewusstsein zu fördern, woraus dann wiederum ein wirkungsvoller Natur- und Landschaftsschutz entspringen kann.

Die weithin schönste Abteikirche der Benediktiner, Maria Laach, eines der schönsten Bauwerke der Romanik im Rheinland, ist nur aus Natursteinen der Osteifel erbaut. Das Mauerwerk aus gelblichem Phonolittuff wird regelmäßig von vertikalen Linien aus schwarzgrauem Basaltgestein abgesetzt. Zur Eindeckung des prächtigen Bauwerkes wurde der blaugraue Hunsrückschiefer aus den Mayener Schiefergruben verwendet. Die Abtei wurde 1093 vom Pfalzgraf Heinrich II. am Westufer des Sees gegründet. Nach Abschluss der nahezu 140-jährigen Bauzeit war die kraftvoll und kubisch-kompakt sich auftürmende, dreischiffige, doppelchörige Basilika fertiggestellt.

13

Der untere Jura (Lias) bildet am Rande des Ferschweiler Plateaus bizarre Verwitterungsformen aus. Die als Luxemburger Sandstein bekannte Gesteinsart ist die Jüngste in der Region.

In Jahrmillionen geboren
– Zur Entstehungsgeschichte der Eifel –

Die Frage nach den Zeiträumen geologischer Evolution und somit nach dem Alter unserer Erde wurde in der Menschheitsgeschichte verhältnismäßig spät gestellt. Das Problem blieb zunächst kirchlichen Doktrinen verhaftet. So errechnete 1654 Bischof Ussher in Irland, dass die Schöpfung im Jahre 4004 vor Christi Geburt stattgefunden haben müsse, und noch zu Goethes Zeiten glaubte man, mit einigen Jahrtausenden auskommen zu können. Erst mit dem Beginn der geologischen Forschung im vorigen Jahrhundert setzten sich neuere Anschauungen durch. Man erkannte, dass man es hier mit Zeiträumen zu tun hat, die in Millionen und Milliarden von Jahren anzugeben sind.

Um die im Laufe der Erdgeschichte gebildeten Schichten der Sediment- oder Ablagerungsgesteine, die, aufeinandergetürmt, eine Mächtigkeit von mehreren Tausend Metern erreichen würden, besser untersuchen und in die richtige zeitliche Abfolge einordnen zu können, hat man diese Gesteinsabfolge in Zeitalter und Formationen unterteilt. Dabei wurden Anfang und Ende eines Zeitalters durch das Auftreten bzw. Absterben charakteristischer Lebewesen gekennzeichnet, die während dieses Zeitabschnittes die Meere und später auch die Festländer und den Luftraum beherrschten und deren Überreste wir als Versteinerungen - Fossilien genannt - in den Gesteinen finden. Kennzeichen einer geologischen Formation sind oft ganz bestimmte Fossilien, die sogenannten Leitfossilien. Sie dienen als Eichmaß für die Altersbestimmung von Schichten auch in weit voneinander entfernten Gebieten. Voraussetzung für die Qualifikation zu einem Leitfossil ist die Feststellung, dass diese Lebensform nur in einem geologisch relativ kurzen Zeitraum und in großer Stückzahl existiert hat. In gewisser Weise ist auch die Farbe besonderes Charakteristikum einer bestimmten erdgeschichtlichen Epoche. Farbe sowie tierische und pflanzliche Einschlüsse geben wieder wichtige Hinweise auf die Verbreitung von Land und Meer sowie auf das Klima früherer geolo-

Im Naturkundemuseum von Gerolstein lassen sich schöne Fossilien, hier eine Seelilie, bewundern.

Die Gerolsteiner Dolomiten, das Wahrzeichen der Stadt, stellen ein riesiges Korallenriff dar.

gischer Zeiträume. Der rote Sandstein wird in einem wüstenhaften Klima entstanden sein, denn er weist Kennzeichen auf wie sie auch Dünen der heutigen Wüsten zeigen. Ein gelblicher Kalkstein dagegen mit den versteinerten Resten von Meerestieren wird seine Genese auf einem ehemaligen Meeresboden vollzogen haben. Mit Hilfe solcher »Visitenkarten« der geologischen Formationen gelang es verhältnismäßig schnell, zusammengehörige Sedimentgesteine zu erkennen und weltweit zu vergleichen. Sedimentgesteine entstanden aus Ablagerungen am Grunde von Seen und Meeren. Im Laufe der Erdgeschichte wurden diese dann durch den Druck der darüberlagernden Sedimente entwässert und zu Stein verfestigt. Schicht für Schicht stapelt sich bei der Bildung solcher Sedimentgesteine übereinander, wobei die

später gebildete auf der früher abgesetzten ruht. Wenn es nicht zu einer Störung im Schichtverband kam, muss also jede Gesteinsschicht jünger sein als die unter ihr liegende, d. h. ein räumliches Übereinander entspricht einem zeitlichen Nacheinander. Dieses einfache »Lagerungsgesetz« bildet die Grundlage der relativen Altersdatierung von Gesteinen, der sog. Stratigraphie. Da sich im Laufe der Zeit Tiere und Pflanzen stammesgeschichtlich oft schnell und beträchtlich verändert haben, stellen die erwähnten Fossilien eine zusätzliche Hilfe für die altersmäßige Einstufung von Gesteinsschichten dar.

Im Gegensatz zu dieser relativen oder auch geologischen Altersbestimmung wird das absolute Alter eines Gesteins mittels radioaktiver Isotope bestimmt. Hierbei handelt es sich um Atome bestimmter chemischer Elemente wie Kohlenstoff, Kalium und Uran, die instabil sind und innerhalb einer bestimmten Zeit, der sog. Halbwertszeit, jeweils auf die Hälfte ihrer vorangegangenen Masse zerfallen. Mit dieser komplizierten und auch teueren Messmethode lassen sich recht genaue Altersangaben machen.

Erdaltertum (Paläozoikum)

Im Hohen Venn, dem nordwestlichsten Teil der Eifel, treten Schichten zutage, die geologisch dem ältesten Erdaltertum angehören. Bei den aus dem Kambrium und Ordovizium stammenden Gesteinen handelt es sich um Quarzite, Phyllite und schwarze Tonschiefer.

Als in der anschließenden Epoche, dem Devon, ein großes Flachmeer weite Teile der heutigen Eifel bedeckte, ragte das kambrische Venn-Massiv inselartig aus diesem heraus. Das devonische Meeresbecken, welches bis in den Raum des heutigen Hunsrücks und Taunus reichte, wurde im Norden von dem sogenannten Nordkontinent oder Old-Red-Festland begrenzt. Die Gesteine, aus denen dieses Festland aufgebaut wurde, verwitterten und wurden über eine längere Zeitspanne hinweg von großen Flusssystemen in das Devon-Becken hineingetragen, wo sie sich am Meeresboden ablagerten. Die Sedimentzufuhr war zeitweise so stark, dass das Flachmeer, dessen Boden sich allmählich absenkte, oft großflächig verlandete. Auf diese Weise wurden während der Devonzeit über zehntausend Meter mächtige Sedimentpakete abgelagert, die durch Druck und Schub allmählich zu Stein, z. B. Grauwacken, Sandsteinen, Tonschiefern

Endogene Kräfte haben zuvor waagerecht abgelagerte Schichten wie Buchseiten aufgefaltet.

und Quarziten verfestigt wurden. Diese Gesteine werden dem Unterdevon zugerechnet, aus dem auch der größte Teil der Eifel aufgebaut ist. Es stellt gewissermaßen den Unterbau oder das Fundament dieses Raumes dar. Die Schichten dieser geologischen Formation werden durch das Rheintal zwischen Bonn und Andernach und die Seitentäler wie Ahr-, Brohl- und Moseltal großflächig angeschnitten.

Das Wittlicher Rathaus, dessen Fassade die schönsten Formen deutscher Spätrenaissance zeigt, sticht dem Besucher des Kreisstädtchens besonders ins Auge.

Zu Beginn des sich anschließenden Erdzeitalters, dem Karbon (Steinkohlenzeit) vor etwa 360 Millionen Jahren, kam es zu gewaltigen gebirgsbildenden Vorgängen. Die Sedimentgesteine des Unterdevons wurden durch die sog. Variskische Faltung aus ihrer ursprünglich weitgehend horizontalen Lage gebracht. Es kam zu Verwerfungen, Brüchen und faltenförmigen Deformationen. Das Variskische Gebirge, nach den einst um Curia Variscorum, dem heutigen Hof in Bayern, wohnhaften Variskern benannt, war ein Hochgebirge, das sich vom französischen Hochplateau (Massiv Central) über die deutschen Mittelgebirge in SW-NO-Richtung bis zu den Sudeten erstreckte. Es war sofort starken Erosionskräften ausgesetzt, so dass es schon bald wieder einer Einebnung unterlag.

In den Mulden der unterdevonischen Falten blieben Kalkgesteine von der Abtragung verschont, die überwiegend während des Mitteldevons als Sedimentschichten entstanden. Sie sind dem Geologen als Eifelkalkmulden bekannt und zeigen eine NO-SW-Streichrichtung. Wegen ihres Fossilreichtums sind die Kalkmulden von Prüm, Gerolstein, Hillesheim, Dollendorf, Blankenheim und Sötenich weltberühmt. Die Kalkgesteine gehen auf die beträchtlichen Kalkausscheidungen einer reich entwickelten Meeresfauna zurück, vor allem auf riffbildende Korallen.

Mit der Perm-Zeit, der jüngsten Phase des Erdaltertums, die vor ca. 290 Millionen Jahren einsetzte und etwa vierzig Millionen Jahre andauerte, erfolgte unter wüstenhaften Klimabedingungen die Abtragung des Variskischen Gebirges. Der rote Abtragungsschutt, Rotliegendes genannt, sammelte sich während dieser geologischen Epoche in langgestreckten Vertiefungen, von denen im Eifelraum die Wittlicher Senke wohl die bekannteste ist. Überall dort, wo der Mensch durch verschiedenste Maßnahmen die obere Erdschicht angreift, treten in dieser Region die roten Sandsteine bzw. ihre mageren Verwitterungsböden auffallend in Erscheinung.

Erdmittelalter (Mesozoikum)

Eine geologische Karte der Westeifel lässt einen bunten Flickenteppich verschiedener geologischer Formationen erkennen. Dies rührt daher, dass gerade in dieser Region im Erdmittelalter das eingerumpfte Variskische Gebirge von verschiedensten Sedimentschichten horizontal überlagert wurde. Da dies aber mehr oder weniger kleinräumig geschah und die einzelnen Gesteinsschichten einer unterschiedlich starken Abtragung ausgesetzt waren,

Bei der kleinen Eifelgemeinde Mohrweiler unweit von Kyllburg wird der rote Buntsandstein abgebaut.

kam es zu diesem bunten geologischen Mosaik.

In der Buntsandstein-Zeit herrschten zunächst weiterhin wüstenartige klimatische Verhältnisse. In Senkungszonen des devonischen Grundgebirges, vor allem der Trier-Bitburger Bucht im Süden und der Mechernich-Nideggener Senke im Norden, kam zunächst der Buntsandstein zur

19

Ablagerung. Seine orangen, braunroten und rötlichen Sandsteine erhielten ihre Färbung durch eisenhaltige Mineralsalze. Die Flüsschen Rur im Norden und Kyll im Süden haben sich tief in dieses Gestein eingesägt, wodurch eindrucksvolle Felsbastionen entstanden.

In der anschließenden geologischen Epoche, der Muschelkalk-Zeit, überflutete ein von Südosten vordringendes Binnenmeer den Trier-Bitburger Senkungsraum. Bei nach wie vor trocken-heißem Wüstenklima entstanden durch starke Verdunstung hauptsächlich Kalke und Dolomite, außerdem quarzsandreiche Kalke, Mergel und Gipse. Der hohe Gehalt tierischer Schalenreste verlieh dem Muschelkalk seinen Namen.

In vielen Steinbrüchen wird in der Südwesteifel, hier bei Ernzen, der Luxemburger Sandstein (Lias) abgebaut.

Auf den Muschelkalk folgte die Keuperzeit, die jüngste Formation der Trias. Sie war wieder mehr eine festländisch beeinflusste Periode, in der sich von Norden her Deltas in das flache Muschelkalkmeer vorschoben und es bis zum Wasserspiegel auffüllten. Rote bis grau-schwarze Tone, Mergel, Sandsteine und Dolomite sind die Sedimente, die während starker Verdunstung in kurzzeitig auftretenden Meeresbecken entstanden. Die Bergeshöhen beiderseits der Flüsschen Sauer und Prüm bestehen aus Keuper, der eine Mächtigkeit von 120-150 Meter aufweist.

Muschelkalk und Keuper bilden fruchtbare Böden, was sich besonders im Bitburger Gutland zeigt, wo der Landwirtschaft eine dominierende Rolle zugeschrieben werden kann.

Auf die Trias (Buntsandstein, Muschelkalk, Keuper) folgte die Jura-Zeit. In dieser geologischen Epoche, die vor 210 Millionen Jahren begann und etwa 70 Millionen Jahre

Mit seinen 286 Metern stellt der Neuerburger Kopf eine markante Erhebung im Wittlicher Tal dar.

Das Reststück einer tertiären Kieswand lässt die abgerundeten weißen Flussschotter in dem gelblichweißen Bindematerial erkennen.

andauerte, gelangten im Eifelraum überwiegend sandige Sedimente zur Ablagerung. Sie gehören dem Unteren Jura oder Lias an und sind zwischen einem Strand- und Schelfbereich gebildet worden. Weil sich das Vorkommen der Lias-Schichten weit nach Luxemburg hinein erstreckt, werden sie auch als Luxemburger Sandstein bezeichnet. Dieses gelblich-braune Gestein bildet charakteristische Plateaus, wie z. B. das zum Deutsch-Luxemburgischen Naturpark gehörende Ferschweiler Plateau. An den Talhängen lassen sich schroffe Felsvorsprünge mit bizarren Verwitterungsformen erkennen.

Mittlerer und Oberer Jura (Dogger und Malm), die z. B. in der Schwäbisch-Frän-kischen Alb oder im Schweizer Jura als ganz markante geologische Formationen im Landschaftsbild in Erscheinung treten, spielen im Gebiet der Eifel keine Rolle. Genauso verhält es sich mit den Ablagerungen aus der jüngsten Phase des Erdmittelalters, der Kreidezeit, von denen nur geringe Vorkommen im nordwestlichen Bereich der Eifel aufzufinden sind.

Während der Kreidezeit sind im Eifelraum bereits erste Ansätze von Vulkanismus zu verzeichnen. Vor etwa 110 Millionen Jahren entstanden in der Wittlicher Senke die markanten Erhebungen Neuerburger Kopf (286 m) und Lüxem-Berg (195 m). Vulkanisches Material kam aber nicht zum Ausbruch, sondern drang in den aus

Mit 747 m Höhe ist die Hohe Acht der höchste Berg der Eifel.

der Perm-Zeit (Rotliegendes) stammenden Neuerburger Sandstein ein und verfestigte ihn derart, dass er der anschließenden Verwitterung weitgehend standhielt. So sind die beiden Vulkanschlote geradezu zu weitsichtbaren Kennzeichen des Wittlicher Tales, dem Kernstück der Wittlicher Senke, geworden.

Erdneuzeit (Känozoikum)

Das Tertiär leitet die Erdneuzeit ein. Es herrschte ein feucht-warmes Klima, was zu einer tiefgründigen Verwitterung vor allem der mesozoischen Gesteine führte. Im frühen Tertiär begann sich das alte

Von der berühmten Nürburg, die auf einer tertiären Vulkankuppe errichtet wurde, eröffnet sich ein weiter Blick über die Eifellandschaft.

Bereits nördlich der Ahr liegt die markante Vulkankuppe des Aremberges (623 m).

Variskische Rumpfgebirge herauszuheben. Großräumige Bewegungen der Erdkruste, mit denen auch die Alpenauffaltung in Zusammenhang steht, führten zur tektonischen Unruhe des Untergrundes. Die aufsteigende Bewegung des gesamten paläozoischen Schildes hatte zur Folge, dass Bäche und Flüsse gezwungen wurden, sich in die Landschaft einzuschneiden. Verwittertes Material kam in Senken zur Ablagerung, welche diese Aufstiegsbewegung nicht mitmachten und durch Verwerfungen in zahlreiche Einzelschollen zerlegt wurden. Es entstand in dieser Zeit das große Bruchdreieck der Niederrheinischen Bucht im Nordwesten und das kleinere Neuwieder Becken im Zentrum des Schiefergebirges.

Zu den ältesten tertiären Sedimenten gehören die Tonvorkommen bei Speicher, Herforst und Binsfeld in der Südeifel. Auch weiße Sande und Kiese werden während dieser Zeit in diesem Raum abgelagert.

Unruhe im Gesteinsuntergrund hatte auch eine erste Welle vulkanischer Aktivität zur Folge. Der tertiäre Vulkanismus, der vor etwa fünfzig Millionen Jahren (Eozän) einsetzte, führte zumindest stellenweise zu einer gravierenden Umgestaltung der bis dahin weitgehend flachwelligen Eifellandschaft. Vor allem die Nordeifel im Bereich zwischen Adenau und Kelberg wurde von diesem Vulkanismus geprägt, der etwa zwanzig Millionen Jahre andauerte. Hohe Acht (747 m), Nürburg (678 m), Hochkelberg (675 m) und Aremberg (623 m) sind die höchsten der die alte Rumpffläche überragenden Bergkegel in dieser Region. Fast 350 solcher tertiären Vulkankuppen sind bekannt, die vor allem basaltisches Gestein förderten. Die meisten von ihnen sind aber durch die

23

anschließende Erosion stark abgebaut worden.

In der jüngsten Epoche der Erdneuzeit, dem Quartär, vor 600000 Jahren, setzt dann eine weitere Phase lebhaften Vulkanismusses ein. Da die Rheinische Masse jetzt intensiver aufzusteigen begann, mussten sich die Flüsse tiefer einschneiden. Ein weitverzweigtes Talnetz entstand, und die Eifel erhielt ihr heutiges Landschaftsbild.

Der junge Vulkanismus konzentriert sich auf zwei Gebiete. Das eine erstreckt sich in der Westeifel zwischen Bad Bertrich im Südosten und Ormont im Nordwesten. Etwa 200 Vulkankegel, aus denen zum Teil Lava floss, und 74 Maartrichter sind die besondere Attraktion dieser einzigartigen Landschaft.

Die Maare, so weiß man heute, verdanken ihre Entstehung äußerst heftiger Wasserdampfexplosionen. Wenn kaltes Grundwasser mit flüssigem Gestein (Magma) in Berührung kam, verwandelte sich das Wasser bei Temperaturen von weit über 1000 Grad Celcius sofort in Wasserdampf, der das ihn umgebende Gestein zerriss und zertrümmerte und es mit großer Gewalt nach oben aussprengte. Dabei entstand ein Schlot, dessen Größe davon abhing, ob kleinere oder größere Wassermengen mit dem glühenden Magma reagierten und in welcher Tiefe dieser energieliefernde Kontakt zwischen Feuer und Wasser stattfand. Acht dieser Trichter, die aus dem unterdevonischen Grundgebirge ausgesprengt wurden, sind noch mit Wasser gefüllt und

Zu jeder Jahreszeit hat die Landschaft im Bereich des Laacher Sees ihren besonderen Reiz.

Auf einem Felsrücken des von bewaldeten Hängen umgebenen Nettetales erhebt sich das vieltürmige Schloss Bürresheim.

Der weiße Trass im Brohltal, ein vulkanisches Gestein, war einst ein beliebter Baustoff.

vereinigten sich zwei Ströme und flossen bis zum Rheintal. Der feinkörnige Tuff, Trass genannt, füllte das Brohltal bis zu sechzig Meter Höhe aus.

Die jüngsten vulkanischen Formen sind erst 13000 Jahre alt, so dass der Mensch der zu Ende gehenden Eiszeit diese Naturgewalten noch miterleben konnte.

Im Hinblick auf die immensen Zeiträume geologischer Evolution können die Jahrtausende nach den jüngsten vulkanischen Eruptionen gleichsam nur als ein Hauch in der Entwicklungsgeschichte des Eifellandes empfunden werden. Trotzdem fand auch in der allerjüngsten geologischen Epoche der Erdneuzeit keine Stagnation in der Landschaftsentwicklung statt. Die Erosionskräfte wirkten weiter, die Vegetationsbilder wechselten, und vor allem der tätige Mensch griff immer wieder in das natürlich gewachsene Landschaftsbild der Eifel ein. Dies wird sich auch in der Zukunft nicht ändern.

üben gerade deshalb eine starke Anziehung auf den Eifelbesucher aus.

Das zweite quartäre Vulkangebiet erstreckt sich in der Osteifel, in dessen Zentrum der Laacher See liegt. Die meisten Vulkane haben auch hier basaltisches Material gefördert. Bei den drei großen Vulkankomplexen Laacher See, Wehrer Kessel und Riedener Kessel wurde allerdings saures Bimsgestein ausgeworfen. Hierbei kam es zum Einbruch riesiger Trichter, Calderen genannt. Die Bimstuffe bedecken in meterdicken Lagen die Osteifel, das Neuwieder Becken sowie die angrenzenden Teile des Westerwaldes. In einzelnen dünnen Resten lassen sich die Bimstuffe bis nach Marburg verfolgen. In relativ frühen Stadien der Fördertätigkeit des Laacher See-Vulkans sind Wolken von feinen Aschen aus dem Schlot gequollen und durch Täler (Gleeser-, Tönissteiner- und Pönterbach-Tal) nach Norden geflossen. Im Brohltal

Ein Aufschluss des Neuerburger Sandsteins im Mundwald bei Wittlich.

Geologische Highlights im Eifelland

Im steinernen Buch der Erdgeschichte lassen sich für die Eifelregion alle Kapitel, vom ältesten Erdaltertum bis zur neuesten Erdneuzeit, aufschlagen. Es ist aber nicht nur die Tatsache, dass alle Erdzeitalter vertreten sind, vielmehr bekommt der Besucher hier auf sozusagen engstem Raum ein breites Spektrum geologischer Vielfalt vorgestellt.

Um nun denjenigen Naturfreunden, denen diese Mittelgebirgslandschaft noch weniger vertraut ist, ein schnelleres Auffinden der sie interessierenden geologischen »Leckerbissen« zu ermöglichen, wurde hier der Versuch unternommen, den Eifelraum in entsprechende geographische Teilgebiete zu gliedern. Diese Einteilung ist aber nicht unbedingt identisch mit der wissenschaftlich geologisch-vulkanologischen Untergliederung dieser Region. Einige besondere geologische Glanzpunkte sollen in diesen Teilräumen näher vorgestellt werden.

Wittlicher Senke und Moseltal

Die Wittlicher Senke, die geographisch zur Moseleifel zählt, erstreckt sich von Schweich/Mosel bis nach Alf/Mosel und streicht wie das Schiefergebirge in NO-SW-Richtung. Sie liegt nur 170 Meter hoch und hat bei der aufstrebenden Kreisstadt, nach der sie ihren Namen trägt, ihre größte Breite. Ein Grabenbruch zum Ausgang des Erdaltertums (Perm) führte zu ihrer Entstehung. Der rote, leicht verwitterbare Sandstein stammt aus dem Rotliegenden und bildet den größten Teil der Oberfläche in der Wittlicher Senke. Durch verschiedenste Baumaßnahmen sowie durch den Autobahneinschnitt zwischen Wittlich und Salmtal und nördlich davon am Abhang zum Liesertal (Mundwald) ist diese als Neuerburger Sandstein bezeichnete Formation gut aufgeschlossen.

Dem Reisenden, der auf der Eifelautobahn A 48 in die Wittlicher Senke hinunterfährt, fallen linkerhand sofort zwei kegelförmige Erhebungen auf. Es handelt sich um den 286 m hohen Neuerburger Kopf und den kleineren mehr rundlichen Lüxem-Berg. Die Wittlicher Senke war mit großer Wahrscheinlichkeit ursprünglich viel höher mit den Sandsteinen des Rotliegenden ausgefüllt, mindestens bis zur Gipfelhöhe des Neuerburger Kopfes. Als Ende der Kreidezeit vor ca. 110 Millionen Jahren der Vulkanismus begann, stieg an zwei Stellen im Wittlicher Tal flüssiges Magma auf. Es erreichte aber nicht die Erdoberfläche, sondern blieb im Rotliegenden stecken. Das umliegende Sedimentgestein wurde beim Kontakt mit dem glühend-flüssigen Material verfestigt. In der nachfolgenden Eiszeit konnten Flüsse und Bäche das relativ weiche Material des Rotliegenden ausräumen, wobei dann die beiden Subvulkane herauspräpariert wurden.

Ein Aufstieg auf den Neuerburger Kopf lohnt sich durchaus. Er ermöglicht einmal einen weiten Ausblick über die Wittlicher Talweite, die nach Süden von den Moselbergen begrenzt wird. Zum anderen lassen sich an zwei kleineren Aufschlüssen die stark zersetzten basaltischen Gesteine des Vulkankerns sowie die verfestigten Rotliegenden-Sandsteine der Schlotwandung gut erkennen.

Tausende von Touristen kommen Jahr für Jahr an die Mosel, sei es zu einem Wochenend-Kurzbesuch oder aber um hier eine längere Urlaubszeit zu verbringen. Sie kommen ins liebliche und heitere Moseltal, von dem der römische Dichter Ausonius vor 1600 Jahren schon angetan war, wegen seiner berühmten Weine, seiner sauberen Dörfchen oder um in Deutschlands ältester Stadt auf den Spuren der Römer zu wandeln. Viele kommen aber auch nur, um den Fluss und seine Landschaft zu erleben. Dazu gehören Ruhe und Muße, so dass sich die ganze Atmosphäre des Moselandes am besten zu Fuß, mit dem Fahrrad oder Boot erfassen lässt. Johann Wolfgang von Goethe, der als genauer Naturbeobachter bekannt ist, befuhr 1792 die Mosel mit einem Boot und beschreibt seine dabei gemachten Entdeckungen folgendermaßen: »Die Uferansichten waren längs dieser Fahrt höchst mannigfaltig; denn obgleich das Wasser eigensinnig seinen Hauptlauf von Südwest nach Nordost richtet, so wird es doch, da es ein schikanöses, gebirgiges Terrain durchstreift, von beiden Seiten durch vorspringende Winkel bald rechts, bald links gedrängt, so dass es nur im weitläufigen Schlangengange fortwandeln kann ...« Es ist das Tal der Mittelmosel, in dem das von Goethe beschriebene Mäandrieren (Schlingenbilden) des Flusses besonders auffällt. Steile Prallhänge und flache Gleithänge begleiten den Fluss in seinem Mittelabschnitt von Schweich bis Cochem. Moselablagerungen lassen sich an den Gleithängen aufwärts und sogar in 200-300 Meter über dem heutigen Engtal des Flusses nachweisen. Zu Beginn des Quartärs vor etwas mehr als

Unterhalb von Cochem liegt das Dortebachtal, ein über die Grenzen hinaus bekanntes Naturschutzgebiet.

2 Millionen Jahren muss also die Mosel einmal in diesen Höhen geflossen sein. Sie schnitt sich dann später in das Devongestein ein und hat ihr heutiges Tal selbst geschaffen.

Eine Reihe kleiner Flüsse und Bäche haben sich über Jahrtausende tief in die Eifelhochfläche eingeschnitten. Kyll, Salm, Lieser, Alf, Üß und Endert sind einige dieser Fließgewässer, die auf mehr oder weniger langem Lauf durch Talfluren und herrliche Laubmischwälder von den Eifelhöhen zur Mosel gelangen. Der Natur- und Wanderfreund hat hier Gelegenheit, die noch weitestgehend intakte Natur dieser Mittelgebirgslandschaft zu genießen.

Ein kurzes schroffes Kerbtal wenige Kilometer östlich des bekannten Moselstädtchens Cochem ist das in jedem Naturreiseführer Deutschlands erwähnte Dorte-

bachtal. Der kleine Bach hat sich in den von vielen Quarzadern durchzogenen Grauwackenfels eingeschnitten. Zwei sehr verschiedene Lebensräume lässt dieses urige Naturschutzgebiet erkennen. Im oberen Bereich stockt dichter Laubwald, im unteren Teil hat sich auf sonnendurchglühten Felsen eine typische Pflanzengesellschaft der Magertriften angesiedelt. Die Buche, die sonst in den Eifelwäldern eine dominierende Rolle innehat, tritt hier völlig zurück. Ein lichter Eichen-Hainbuchenwald, mit Schlehen und Weichselkirschen als Unterholz eingestreut, ist an das warm-trockene Klima wesentlich besser angepasst. Weißer Diptam, Küchenschelle, Astlose Graslilie sowie außergewöhnliche Farn- und Flechtenarten sind weitere Anzeiger extrem warmer und trockener Standorte wie sie sich sonst nur im Mittel-

Ulmen liegt direkt am gleichnamigen Maar. Die Fachwerkhäuser des Ortes sind bis an das Maarufer gebaut.

Das Weinfelder Maar (auch Totenmaar genannt) ist unter den Eifelmaaren seit jeher das Lieb-lingsmotiv von Malern und Fotografen.

meerraum wiederfinden. Entsprechendes gilt für die Fauna des Dortebachtales, wo der geduldige Naturfreund noch Raritäten wie Smaragdeidechse, Segel- und Apollo-falter sowie Zaun- und Zippammer beo-bachten kann.

Die westliche Vulkaneifel

Diese einzigartige Teillandschaft der Eifel, die in Mitteleuropa kaum ihresgleichen hat, führt dem Besucher die jüngsten und vielleicht interessantesten vulkanischen Erscheinungen vor Augen. In der zu Ende gehenden letzten Eiszeit vor 20000 bis 10000 Jahren entstanden durch Wasser-dampfexplosionen (phreatische Explosio-nen) die Maartrichter. Der steinzeitliche

Mensch konnte somit Augen- und Ohren-zeuge dieses Naturinfernos gewesen sein. Von den 74 Maaren, die nach neueren Untersuchungen im Eifelraum existieren, ist nur der kleinere Teil betrachtenswert. Hier sind es vor allem die acht wasserge-füllten Formen, die weit über die Gren-zen der Eifel hinaus bekannt sind, nämlich Ulmener Maar, Gemündener Maar, Wein-felder Maar (Totenmaar), Westliches Schal-kenmehrener Maar, Immerather Maar, Pul-vermaar, Holzmaar und Meerfelder Maar. Sie sind alle in wenige Kilometer großem Radius um die Kreisstadt Daun angeord-net. Der trainierte Eifelwanderer, der auf einer einzigen Tagestour an dem Großteil der genannten Maarseen vorbeikommt (Sieben-Maare-Weg), wird eine überwie-gend kreisrunde Form dieser Gewässer

Nur der nördliche Teil des gewaltigen Maarkessels wird vom Meerfelder Maar eingenommen. Vor einigen Jahren drohte ihm der Tod durch Eutrophierung (Überdüngung).

feststellen. Der Durchmesser der Wasserfläche bzw. ihres Trichters kann aber größere Unterschiede aufweisen. Man spricht hier von einem kleinen und einem großen Maartyp, von denen je ein Vertreter vorgestellt werden soll.

Das Weinfelder Maar, als Totenmaar weit bekannt, veranschaulicht den Typ des kleinen Maares. Verhältnismäßig wenig Wasser gelangte schon in geringer Tiefe mit heißem Magma in Kontakt. Die dadurch ausgelöste Wasserdampfexplosion beförderte ungefähr soviel Gesteinsmaterial an die Oberfläche, wie es etwa dem Rauminhalt des entstandenen Maartrichters entspricht. Das höchstgelegene und gleichzeitig jüngste der Dauner Maare ist 51 Meter tief. Es stellt ein typisches Beispiel eines oligotrophen (nährstoffarmen) Gewässers

dar, was sich an dem kristallklaren Wasser und dem fast völligen Fehlen krautiger Wasserpflanzen erkennen lässt. Auf dem Maarwall, der um die Jahrhundertwende außer Ginsterbüschen (»Eifelgold«) kaum einen Bewuchs zeigte, hat sich heute eine artenreiche Laubholzvegetation angesiedelt. An der Nordflanke dieses stillen und melancholisch wirkenden Maares liegt eine renovierte Kapelle aus dem 14. Jahrhundert, das einzige Relikt des von der Pest im 16. Jahrhundert ausgelöschten Dorfes Weinfeld. Der berühmte Eifelmaler Fritz von Wille (1860-1941) hat dieses Maar während seiner Schaffensperiode vielfach dargestellt.

Der Eifelbesucher hat hier die Gelegenheit, auch die beiden anderen Dauner Maare gleichzeitig kennenzulernen: Das Schal-kenmehrener Doppelmaar, dessen westlicher Teil nur mit Wasser gefüllt ist, weist mit 21 Meter eine geringe Tiefe auf. Landwirtschaftliche Nutzflächen grenzen scharf an das Maar an. Der östliche Teil stellt ein verbuschtes Flachmoor dar.

Das 1,5 Kilometer südlich der Kreisstadt Daun gelegene, fast kreisrunde Gemündener Maar ist mit einem Durchmesser von 300-325 Meter das kleinste dieser Maargruppe. Es zeigt steil abfallende, mit Buchenhochwald bestockte Hänge.

Kamen größere Wassermengen mit flüssigem Gestein (Magma) in Berührung, und wenn dies noch in Tiefen von einigen Hundert Metern geschah, verlief die Maarbildung etwas anders. Die äußerst heftigen Explosionen zertrümmerten das Gestein und pressten es dann durch Spalten und enge Schlote nach oben. Von hier wurde es dann kilometerweit in die Umgebung geschleudert. Da jetzt in der Tiefe quasi ein leerer Raum entstanden war, brachen von oben größere Schollen ein. Es entstand ein Maartrichter, der bedeutend größer war als die bei der Explosion ausgeworfene Gesteinsmenge. Ein Paradebeispiel eines solchen großen Maartyps stellt das zur Vulkangruppe des Mosenbergs zählende Meerfelder Maar dar, dessen Trichter einen Durchmesser von 1730 Meter aufweist. Am Trichterrand lassen sich mehrere gegeneinander verkippte Schollen des devonischen Grundgebirges erkennen, ein Beweis für die Einbruchtheorie dieses Maartyps. Das nach dem Ort Meerfeld benannte Maar ist nach dem Laacher See somit der größte vulkanotektonische Senkungstrichter der Eifel. Rund 200 Meter ragt die fast kreisrunde Umwallung über den Maarboden empor. Nur der nördliche Teil des Maartrichters ist mit Wasser

Der zur Mosenberggruppe zählende Windsborn ist kein echtes Maar, sondern ein Kratersee.

Wie ein kleines Feuchtgebiet wirkt das unweit des Windsborn gelegene Hinkelsmaar.

gefüllt, da das Seebecken durch Ablagerungen des Meerbaches teilweise aufgefüllt wurde. Zudem wurde Ende des 19. Jahrhunderts der Wasserspiegel um zwei Meter abgesenkt, um Weide- und Ackerland zu gewinnen. Dem nur 17 Meter tiefen Maarsee drohte der Tod durch Eutrophierung (Überdüngung), und nur durch aufwendige Sanierungsmaßnahmen konnte dieses einmalige geologische und biologische Kleinod, das übrigens wie alle Maare unter Naturschutz steht, gerettet werden. Jüngste Untersuchungen zur Altersbestimmung ergaben, dass das Meerfelder Maar vor ca. 35000 Jahren entstanden ist. Hierzu wurden mehrere Bohrungen im Maarsediment durchgeführt und die Bohrkerne dann nach biologischen, physikalischen und chemischen Methoden wissenschaftlich ausgewertet. Anhand der fossilen tie-

rischen Mikroorganismen ließ sich zudem feststellen, dass das Maar schon zu Beginn des Postglazials ein eutrophes (nährstoffreiches) Gewässer gewesen sein muss.

Nach etwa halbstündigem Fußmarsch aus dem Maartrichter heraus in südöstlicher Richtung gelangt man zur Vulkangruppe des Mosenbergs. Zu den besonderen Bestandteilen des Mosenbergsystems gehört der prachtvoll erhaltene Schlackenwall des Windsborns (497 m ü. NN). Der ringsum geschlossene Wall fällt mit steilen Wänden 20-30 Meter tief zum Boden des Kraters ab. Das ausgeschleuderte Material (Schlacken, Lapilli, Lava) verschweißte nach dem Niederfallen und bewirkt somit die ausgezeichnete Erhaltung des Kraterwalles. Im Kraterboden sammelte sich mit der Zeit organisches Material an und dichtete ihn nach unten ab, so dass ein flacher

Kratersee, der Windsborn entstehen konnte. In der Eifel und Mitteleuropa ist er tatsächlich der einzige Kratersee. Krater und der darin befindliche See sind dem devonischen Grundgebirge aufgesetzt. Dadurch unterscheidet sich dieses stark verlandende Gewässer (Tiefe 1,10 m) von den Maaren, bei denen die wassergefüllte Hohlform in den nicht vulkanischen Untergrund eingesenkt ist.

Das nördlich neben dem Windsborn gelegene Hinkelsmaar ist ein echtes Maar. Bis 1848 war es mit Wasser gefüllt, das aber zum Zwecke der Torfgewinnung durch einen Stollen abgeleitet wurde. Nach Verfall dieses Stollens kam es wieder zu einer Moorbildung mit Schwarzboden. In nassen Jahren lässt sich hier eine Flachwasserzone erkennen.

Die Mosenberg-Vulkangruppe setzt sich aus mehreren Eruptivzentren zusammen. Aus dem südlichsten, dem Mosenberg selbst (517 m), traten größere Mengen Lava aus, die sich nach Südosten ins Tal der Kleinen Kyll ergossen. Der kreisrunde Kraterrand wurde dadurch hufeisenförmig nach Süden geöffnet. Heiße Lava hat ein größeres Volumen als die erkaltete. Bei der Abkühlung entstehen daher Klüfte, die das Gestein in senkrecht zur ursprünglichen Oberfläche des Lavastroms stehende Säulen zerlegen. Je nach der Geschwindigkeit, mit der die Abkühlung vor sich ging, entstanden Säulen von unregelmäßiger Form bis zu solchen, die gleichmäßige Sechseckstruktur von nur wenigen Dezimeter Dicke aufweisen. Sehr eindrucksvoll lassen sich diese verschiedensten Ausbildungsformen der Lava im Horngraben (Wolfsschlucht)

In der Wolfsschlucht (Horngraben) führt ein Wanderpfad längs eines kleinen Baches über Lavabrocken und aufgeschlossene Basaltwände hinauf zum Mosenberg.

Die Strudellöcher und Strudeltöpfe im devonischen Untergrund wurden durch die Kraft des herabstürzenden Wassers der Kleinen Kyll geschaffen.

erkennen, den man nach halbstündigem Fußmarsch von dem vielbesuchten Ausflugsziel Heidsmühle bei Manderscheid aus erreichen kann. Ein 30 Meter mächtiger Lavastrom staute im Bereich der heutigen Germanenbrücke die Kleine Kyll auf, so dass ihr Wasser über dieses Naturwehr herabstürzen musste. Die stetige Kraft des fallenden Wassers hat dann die Strudellöcher und größeren Strudeltöpfe im unterdevonischen Schiefer entstehen lassen. Der Bach durchsägte schließlich den Basalt und schnitt sich noch etwa fünf bis zehn Meter tief in das Schiefergestein ein.

Je weiter sich die glühendheiße Gesteinsschmelze der Erdoberfläche näherte um so mehr ließ auch der Druck nach. Dadurch konnten Gase freigesetzt werden, wie man es ja auch beim Öffnen einer Sprudel- oder Sektflasche kennt. Die Gesteinsschmelze wurde durch das Gas in einzelne Tropfen zerlegt, die mit großer Gewalt viele Meter hoch aus der Schlotöffnung emporgeschleudert wurden. Während ihres Fluges erstarrten diese Schmelztropfen zu erbsen- bis walnußgroßen Lapilli (ital. Steinchen). Waren die Lavafetzen größer, so erstarrten sie während ihres Fluges nur im Rindenbereich und kamen als tropfenförmige Schlacken-»Bomben« wieder zur Erde. Sie konnten beim Aufschlag aber auch wie Eier zerbrechen, so dass der noch flüssige Inhalt auslief und sie sich so miteinander verschweißten (Schweißschlacken).

Am östlichen Ortsausgang der Eifelgemeinde Strohn ist vor einigen Jahren eine riesige Basaltbombe von vier Meter Durchmesser aufgestellt worden. Sie stammt aus dem südöstlich von Strohn gelegenen Vulkan-

35

Das Strohner Maarchen ist ein kleines Hochmoor mit einer höchst schützenswerten Flora.

Die im Wartgesberg-Vulkan »geborene« Basaltbombe, eine geologische Attraktion, wurde im Ortsbereich des Dorfes Strohn aufgestellt.

Die zartrosa blühende Moosbeere ist ein typischer Vertreter der Hochmoorvegetation.

komplex Wartgesberg, der große Mengen Basaltlava gefördert hat. Über die Entstehung dieser 120 Tonnen schweren, kugelförmigen »Bombe« ist bisher noch nichts Genaues bekannt.

An dieser Stelle soll auf das Vulkanhaus hingewiesen werden, das im Sommer 2002 eingeweiht wurde. Der Besucher wird hier besonders anschaulich über die einstige vulkanische Tätigkeit in dieser Region informiert.

Ganz in der Nähe des Eifeldörfchens Strohn, südlich des Pulvermaares, lässt sich noch eine andere geologische Besonderheit bewundern. Es ist das Strohner Maarchen (»Märchen«). Im geologischen Sinne war es erst ein Maar, dann ein Tuffwall, der sich um den nordwestlichen Rand des Maarchens bogenförmig herumlegt. Es zeigt einen elliptischen Bau von 210 x 140 Meter und stellt ein noch im Wachs-

tum befindliches Hochmoor dar. Unter den Maarmooren ist es ein echtes Kleinod. Torfmoose bilden mächtige Bulten, auf denen wiederum andere, oft seltene pflanzliche Vertreter aufsitzen. Zu dieser Hochmoorgesellschaft zählen u. a. Rundblättriger Sonnentau, Moosbeere, Rosmarinheide (Gränke) und Wollgrasarten. In dem deutlich ausgeprägten Randsumpf oder Lagg, der durch den hohen Gehalt an Humussäuren einen niedrigen pH-Wert aufweist, gedeihen Sumpfblutauge und Fieberklee. Wenige Kilometer westlich liegt ein weiteres kleines Hochmoor, das annähernd kreisrunde Dürre Maar. Beide Maare besitzen mehrere Meter mächtige Torfschichten, die in früheren Jahren von der Eifelbevölkerung abgebaut wurden. Diese unbedingt schützenswerten Lebensräume sind leider allzu dicht von landwirtschaftlichen Nutzflächen eingerahmt, was

Ein geologisches Highlight ganz besonderer Art: Der Wallenborn in der gleichnamigen Eifelgemeinde, unweit der Kreisstadt Daun.

sich keineswegs günstig auf ihre höchst empfindlichen Ökosysteme auswirken kann.

In der Ortsgemeinde Wallenborn, unweit der Kreisstadt Daun gelegen, kann der Eifelbesucher ein ganz besonderes Naturschauspiel bestaunen. Eine gefasste Kohlensäurequelle, die zudem schwefel- und eisenhaltig ist, wallt in einem Eruptionszyklus von ca. 35 Minuten heftig auf (Ortsname!), um dann wieder in sich zusammenzusinken. Solche Quellen, bei denen Ruhephasen mit heftigen Eruptionen abwechseln, werden als intermittierende Quellen bezeichnet. Der Wallenborn erinnert an die berühmten Geysire Islands. Auch hier sind es dieselben Antriebskräfte, die das Wasser aus geringer Tiefe - beim Wallenborn sind es 38 Meter - in

die Höhe treiben. Das Kohlendioxid, das jeder als prickelndes Gas in Sekt und Sprudel kennt, tritt in der Eifel in zahlreichen Quellen aus, ein Zeichen einer noch nicht gänzlich erloschenen vulkanischen Tätigkeit. Es stammt aus glutflüssigen Gesteinsschmelzen in größerer Erdtiefe und sucht sich seinen Weg durch Spalten und Klüfte im devonischen Grundgebirge nach oben. Hier im Wallenborn staut sich dieses Gas unter einer Grundwassersäule so lange bis der Druck ausreicht, die Wassermenge nach oben zu befördern und über der Erdoberfläche für kurze Zeit als Geysir von einigen Metern Höhe emporschießen zu lassen.

In der Umgebung des Kurstädtchens Bad Bertrich besitzt das Westeifel-Vulkanfeld seine südöstlichste Ausdehnung. Auf

Wie aus Käserollen zusammengesetzt erscheinen die einzelnen Basaltsäulen der Käsegrotte von Bad Bertrich.

engem Raum lassen sich hier alle vulkanischen Erscheinungen wie Schlackenkegel, Schichtvulkan, Lavaströme und Maare (Trockenmaare) erkennen.

Von dem stark abgetragenen Schichtvulkan Seesenflürchen westlich von Bad Bertrich gingen mehrere Basaltströme aus, von denen einer bei der Elfenmühle bis ins Üßbachtal floss und dieses bis unterhalb des Städtchens ausfüllte. Dieser Basaltvulkanismus ereignete sich in der Würm-Eiszeit, als der Üssbach schon nahezu sein heutiges Tal geschaffen hatte.

Der Bach musste sich seinen neuen Weg durch die erkalteten Lavaströme hindurchsägen. Das forellenreiche Fließgewässer stellt dadurch heute einen wildromantischen Bachabschnitt in dieser Eifelregion dar.

Eine geologische Attraktion besonderer Art bietet die Käsegrotte bei Bad Bertrich. Ein Basaltlavastrom westlich der Elfenmühle zeigt an seinen senkrecht stehenden Säulen eigenartige Verwitterungsformen: flachliegende Klüfte gliedern sie in fast gleichmäßige Abschnitte, und durch die anschließende Verwitterung entstanden daraus gerundete Einkerbungen. Diese einzelnen Säulen erscheinen somit wie aus runden Käselaiben zusammengesetzt.

In dem Vulkangebiet von Bad Bertrich stellt der 414 m hohe schwarze Schlackenkegel der Falkenley den markantesten Punkt dar. Er ist am leichtesten von dem Ort Kennfus aus zu erreichen, reizvoll ist aber auch der Fußweg von Bad Bertrich, da sich dann die schwarzen Felsen in immer neuen Perspektiven dem Betrachter darbieten.

39

Die mit Schiefer gedeckten Fachwerkhäuser am Marktplatz der Stadt Adenau sind um 1630 errichtet worden.

Ein schmuckes altehrwürdiges Bauwerk im Eifelort Kelberg stellt das ehemalige alte Pfarrhaus St. Josef aus dem Jahre 1806 dar, das heute als Pfarrheim Verwendung findet.

Vulkanische Hocheifel und Ahrtal

Das Gebiet der Hocheifel, dessen genaue geographische Absteckung mittels markanter Punkte oder Linien in der Landschaft nicht so einfach möglich ist, umfasst eine Fläche von etwa 400 Quadratkilometer. Im Tertiär herrschte hier eine lebhafte vulkanische Tätigkeit, die ihren Schwerpunkt anfangs zwischen Adenau und Kelberg hatte, sich dann später bis über den Rhein (nördlicher Westerwald und Siebengebirge) hin ausdehnte.

Der Vulkantyp der Hocheifel ist dadurch gekennzeichnet, dass als erstes immer ein Tuffkegel aufgebaut wurde, in den dann von unten die Lavamassen eindrangen und keulen- oder pilzförmig erstarrten. Unter der Tuffkappe verfestigte sich das glühendflüssige Gestein aber nur langsam, so dass senkrecht zur Abkühlungsfläche Schrumpf-risse entstanden, deren Anordnung wiederum das Zustandekommen der sechseckigen Säulen erklärt. Ihre Längsachsen stehen senkrecht auf den Außenflächen der Basaltkörper, wie es an Aufschlüssen deutlich sichtbar wird. Bei ihrer oft sehr regelmäßigen Anordnung könnte der Eindruck entstehen als hätte die künstlerische Hand eines Bildhauers hier gestaltend mitgewirkt.

Von den damals entstandenen etwa 350 vorwiegend basaltischen Vulkanen treten heute die meisten nur als kleine Kuppen in der Landschaft hervor. Nur einige von ihnen bilden weithin sichtbare, die devonische Rumpffläche deutlich überragende Bergkegel. Sie stellen den übriggebliebenen Lavakörper dar, während der Tuffkegel und auch die äußeren Lavaschichten längst abgetragen wurden. Hierzu zählen die Hohe Acht, mit 747 m gleichzeitig die

Die schönen Fachwerkhäuser des Ortskerns von Blankenheim mit der darüber aufragenden Burg bilden eine höchst malerische Baugruppe.

41

Ganz in der Nähe der Nürburg, bei dem Ort Quiddelbach, steht säulenförmig der grau-weiße Phonolith an.

höchste Erhebung in der Eifel, Nürburg (678 m), Hochkelberg (674 m), Höchstberg (616 m) und der bereits nördlich der Ahr gelegene Aremberg (623 m). Im Unterschied zu den jüngeren quartären Vulkanen hat keiner der tertiären Hocheifel-Vertreter einen Lavastrom geliefert. Der tertiäre Vulkanismus der Hocheifel hat einmal saure Eruptivgesteine wie Trachyte, Andesite und Phonolithe geliefert, die größte Verbreitung zeigen jedoch basische Gesteine, die Basalte. Aus diesem Gestein, genauer aus Ankaramit, besteht auch die Kuppe der Hohen Acht, die von einem Aussichtsturm gekrönt wird. Der Unterbau des regelmäßigen Bergkegels wird aus Unterdevonschichten aufgebaut. Der höchste Eifelberg, auf den sich ein besonders schöner Blick aus dem Wacholderschutzgebiet des Dr. Heinrich-Menke-Parks eröffnet, lässt sich von allen Seiten erwandern. In den feuchten Wäldern der ausgedehnten Blockmeere an seiner Nordostflanke kann man u. a. das seltene Silberblatt, auch als Mondviole bekannt, beobachten.

Der geologisch interessierte Naturfreund, der sich gerade in dieser Region aufhält, sollte die Aufschlüsse zweier saurer Ergussgesteine des tertiären Vulkanismus aufsuchen. Unweit der Nürburg, bei dem Ort Quiddelbach, steht am Selberg der grauweiße Phonolith, heute Analcim-Alkalitrachyt genannt, säulenförmig an. In ihm sind zentimeterlange Hornblendekristalle eingebacken. Nur wenige Kilometer weiter, bei Reimerath, lässt sich der gelbbraune Trachyt, der auch das bekannte Drachenfelsmassiv aufbaut, gut beobachten. Er enthält fingerlange Kristalle aus Sanidin, einem kaliumreichen Feldspat. Der Trachyt von Reimerath wird gelegentlich zu Ausbesserungsarbeiten am Kölner Dom

Fast senkrecht steigen die Schichten des an-geschnittenen Ahrsattels bei dem Städtchen Altenahr aus dem Flusstal empor.

Die Ravensley bei Reimershoven (Ahr) ist Teilstück einer Verwerfung, die die unterde-vonischen Schiefer in dieser Region erfahren haben.

abgebaut, nachdem der Drachenfels unter Naturschutz steht.

»Das wundersamste aber sind die Schlin-gungen des Flusses um und durch die Fel-senmauern«, schrieb Ernst Moritz Arndt 1844 über die Ahr. Das Flüsschen, das den meisten Leuten wegen seiner guten Rotweine bekannt ist, hat sich oft tief in das unterdevonische Grundgebirge ein-geschnitten und dabei die aufgefalteten Schichten deutlich herauspräpariert. Die Flusslandschaft bei dem Städtchen Alten-ahr ist für den geologisch interessierten Naturfreund von besonderem Reiz. Die harten, sandigen Tonschiefer, Bänder-schiefer und Sandsteine des Ahrtalsat-tels wurden durch den Fluss in diesem schlingenreichen felsigen Abschnitt tief eingesägt. Senkrechte Schichtflächen mit großen Querklüften stellen immer wieder imposante Bilder neben dem Wanderweg dar. Dem aufmerksamen Naturbeobachter werden die Rippelmarken, waschbrettarti-ge Wellenreliefs, auf den Schichtoberseiten ebenso wenig entgehen wie die »Harni-schen« (durch Reibung glatte, z. T. glän-zende Flächen) mit ihren Rutschstreifen. Letztere sind dadurch entstanden, dass

43

Die alte Brücke aus Schiefergestein im Ahr-weinort Rech ist harmonisch in das Landschafts- und Ortsbild eingepasst.

die einzelnen Schichtbänke sich bei der Faltung gegeneinander bewegten, wie die Seiten eines Buches, das man verbiegt. Die Mächtigkeit des Schiefergebirgssockels zeigt sich dem Besucher am eindrucks-vollsten von einem der Verkehrswege tief unten in den engen Talmäandern, in denen die Talsohle bis auf etwa 40-50 m verschmälert wird. Einige Kilometer fluss-abwärts gelangt man unmittelbar vor dem Ort Walporzheim zu einem imposanten Felsmassiv, aus dessen unterem Teil eine senkrecht stehende Steinplatte wie eine Nase über die Straße ragt. Sie trägt den ausgefallenen Namen »Bunte Kuh«, für

Aus dem hier anstehenden Schiefergestein sind auch die vielen Trockenmauern und Treppen in den Weinbergen des Ahrtales aufgebaut.

dessen Zustandekommen Volkskundler und Historiker gleich eine Vielzahl von Erklärungen parat haben.

Der Kernbereich des Ahrtales erhält nur rund 600 Millimeter Niederschlag pro Jahr, was durch die Leelage dieser Region in der Gebirgsabdachung zur Osteifel zu erklären ist. Die mittlere Jahrestemperatur beträgt 9° C. Wegen seines ausgeprägten Geländereliefs ist das mittlere Ahrtal reich an mikroklimatisch begünstigten Standorten. Besonders die sehr steilen, an einigen Stellen sogar senkrecht einfallenden südexponierten Hänge dieses Tales, stellen Standorte wärmeliebender Pflanzen und Tiere dar.

Die Gerolstein-Hillesheimer Region

In diesem Stück Eifelland hat der Besucher Gelegenheit, eine bunt zusammengestellte »Mischkost« verschiedenster geologischer Besonderheiten zu bewundern. Es ist deshalb durchaus lohnend, etwas länger in diesem Raum, einem herben Stück Eifellandschaft, zu verweilen.

Schroff erheben sich zwischen den Ortsgemeinden Pelm und Lissingen die Gerolsteiner Dolomiten ca. hundert Meter über das Talniveau der Kyll. Diese mächtige Felswand, deren exponierte Punkte wie Munterley und Große Kanzel einen imposanten Überblick über die Gerolsteiner Mulde und die angrenzenden Gebiete ermöglichen, stellt ein ganzes Korallenriff dar. Baumeister dieser gewaltigen Wand waren kleine Meerestiere, Korallenpolypen und Stromatoporen, die in einer warmen Flachwasserzone des Mitteldevonmeeres lebten. Unzählige dieser kleinen, zu den Hohltieren zählenden festsitzenden (sessilen) Tierchen schieden jeweils ihr

Gesteinsbildner im Eifelraum waren auch die Stromatoporen, koloniebildende Meeresorganismen.

Zu den Versteinerungen, die in der Eifel am häufigsten zu finden sind, zählen die Korallen, hier Dohmophyllum helianthoides.

eigenes Gehäuse aus kohlensaurem Kalk ($CaCO_3$) ab, so dass daraus in der Gesamtheit dann über einen großen Zeitraum eine solch mächtige Bastion werden konnte. In den warmen Meereszonen der südlichen Hemisphäre sind es auch heute noch die nur millimetergroßen Vertreter dieses Tierstammes, die z. B. das Great Barrier-Riff vor der Nordostküste Australiens aufbauten und immer noch weiter bauen. Der Name »Dolomiten«, bekannt als ein Teilgebirge der Alpen, resultiert aus dem Dolomit, einem Karbonatmineral, das je zur Hälfte aus Calciumkarbonat ($CaCO_3$) und Magnesiumkarbonat ($MgCO_3$), besteht. Während der Erdgeschichte erfuhr das Calciumkarbonat eine Umwandlung zu Dolomit.

Bodenorganismen aller Art scheiden durch ihre Stoffwechselvorgänge Kohlendioxid (CO_2) ab. Zudem dringt dieses Gas in der Eifel aus größeren Erdtiefen nach oben und verbindet sich mit dem Bodenwasser zu Kohlensäure (H_2CO_3). Wo immer diese Mineralsäure mit Calciumkarbonat in Berührung kommt, löst sie es teilweise auf, wobei Calciumhydrogenkarbonat, d. h. wasserlöslicher Kalk entsteht. Es bilden sich durch diese chemische Verwitterung unterirdische Hohlformen im Kalkgestein, die zu weiträumigen Höhlen zusammenwachsen können. Solche Verwitterungsformen in Kalksteingebieten werden nach dem an der jugoslawischen Adriaküste gelegenen Karstgebirge, wo diese Erscheinungen besonders ausgeprägt sind, als Karst bezeichnet.

Nördlich von Gerolstein befindet sich die sehenswerte Karsthöhle Buchenloch, die in dem Dolomitmassiv der Munterley gelegen ist. Man fand hier neben Überresten eiszeitlicher Säugetiere auch Nachweise für eine Nutzung der Höhle durch den altsteinzeitlichen Menschen.

Kohlensäurehaltiges Wasser kann besonders viel Kalk lösen, und man spricht dann von »hartem« Wasser. Beim Überrieseln hängiger Partien entweicht Kohlendioxid, wobei das Calciumkarbonat wieder ausfällt: $Ca(HCO_3)_2 -> CO_2 + H_2O + CaCO_3$. Pflanzen, wie Moose und Algen, die sich bekanntlich gern an wasserüberfluteten Stellen einfinden, fördern dieses Aussintern des Kalkes. Südlich der Eifelgemeinde Ahütte ist ein seit 1938 als Naturdenkmal ausgewiesenes geologisches Highlight besonderer Art zu bestaunen. Es handelt sich um den Dreimühlener Wasserfall. Er

Das Buchenloch in den Gerolsteiner Dolomiten ist durch chemische Verwitterung des Kalkes entstanden.

ist durch Kalkausfällung von ursprünglich drei stark karbonathaltigen Zuflüssen des Ahbaches entstanden. Die aus drei Karsthöhlen austretenden Quellwässer haben seit Ende der letzten Eiszeit vor ca. 10000 Jahren eine 300 m lange und 100 m breite Kalksinterbank entstehen lassen. Als man 1912 beim Bau der Eisenbahnstrecke Lis-

sendorf (Kyll) - Dümpelfeld (Ahr) die drei Quellbäche zu einem künstlichen Bach zusammenfasste und unter dem Bahnkörper hindurch in das Ahbachtal leitete, vollzog sich das Wachsen von Moos (Laubmoos Cratoneuron), Algen und Kalk nicht mehr flächenartig, sondern konzentriert an einer einzigen Stelle. Der breite Kalktuffsockel bekam eine immer länger werdende Kalknase, die dem Ahbach entgegenwuchs. Das Wachstum wird mit 12-13 Zentimeter pro Jahr angegeben, das Gewicht des jährlich abgelagerten Kalkes auf über 4,4 Tonnen geschätzt. Die Kalknase hat sich inzwischen etwa neun Meter in das Ahbachtal vorgeschoben und hat dort, wo das Wasser über die Spitze herabstürzt, eine Höhe von ca. fünf Meter. Es wird befürchtet, dass dieses Naturdenkmal nicht mehr allzu lange in seiner heutigen Form zu bewundern sein wird, denn die stark kopflastige Kalknase zeigt einen starken Riss, der sie in voller Höhe senkrecht durchzieht. Sollte eines Tages ein beträchtliches Stück dieses geologischen Kleinods abbrechen, das Wasser würde erneut beginnen, eine sich Jahr für Jahr weiter vorschiebende neue Kalknase zu bauen.

Eine höchst interessante Erscheinung stellt der Dreimühlener Wasserfall dar. Aus kalkhaltigem Wasser sintert der gelöste Kalk wieder aus und bildet eine ständig wachsende Kalknase.

Ein Beispiel für die in der Westeifel weniger verbreiteten tertiären Vulkane ist der unweit der Ortsgemeinde

Zilsdorf gelegene Arensberg. Der vor ca. 32 Millionen Jahren ausgebrochene Vulkan war früher bedeutend höher. Auf seiner Kuppe stand die St. Arnulphus-Kirche mit einem kleinen Friedhof. Durch intensiven Abbau der anstehenden Gesteine, wobei man dem Schlot in die Tiefe folgte, ist der Arensberg quasi nur noch ein Vulkanfragment, ein imposanter Felsenkessel.

Zwei Ausbruchsphasen lassen sich feststellen, wobei während der ersten die glühende Gesteinsschmelze Schiefer- und Sandsteinschichten des Unterdevons, mitteldevonische Kalkgesteine sowie mesozoische Buntsandstein- und Muschelkalkschichten durchdrang. Bruchstücke dieser Gesteinsschichten wurden dabei mitgerissen und aus dem Vulkanschlot herausgeschleudert. Sie lassen sich sowohl in der Basaltlava als auch in den mächtigen Tufflagen als Einschlüsse erkennen. Beim Kontakt der glühenden Lavamassen mit dem Kalkgestein bildeten sich in Hohlräumen verschiedene Kalksilikat-Mineralien, wie der nadelige Skolezit oder Calcit, Phillipsit, Zeolith u. a.. Bei Mineraliensammlern ist der Arensberg deshalb sehr bekannt.

Am Ende der zweiten Ausbruchsphase blieb die glühende Lava im Vulkanschlot stecken. Dort erkaltete sie allmählich und bildete senkrecht zur Abkühlungsfläche Schrumpfungsrisse, welche dann zu der typischen Säulenform führten, wie sie sich an vielen Stellen des Kesselinnern gut studieren lässt.

Der Eiskeller in Hillesheim ist Ausgangspunkt eines über 30 Stationen führenden geologischen Lehr- und Wanderpfades,

Von der einstigen Vulkankuppe des Arensberges, bei Zilsdorf gelegen, ist durch jahrelange Abbautätigkeit nur noch ein weiträumiger Felsenkessel übriggeblieben.

Im Stadtbereich von Hillesheim hat man in den anstehenden Buntsandstein eine Höhle geschlagen, den »Eiskeller«, der früher als Naturkühlschrank benutzt wurde.

den die Verbandsgemeinde Hillesheim 1989 einrichtete. In den zum Erdmittelalter zählenden rötlichen Buntsandstein schlug man einen Hohlraum. Dieser wies relativ konstante Temperaturen auf, so dass Lebensmittel und Getränke, wie heute in einem Kühlschrank, längere Zeit aufbewahrt werden konnten. Die relativ niedrigen Temperaturen in solchen Höhlen erklären sich durch das im Gestein enthaltene Wasser, bei dessen Verdunstung Wärme verbraucht wird (Verdunstungskälte). Im Winter sägte man Eisblöcke aus zugefrorenen Teichen und Flüssen und transportierte sie in diese künstlich geschaffenen Höhlen. So kam der Name »Eiskeller« zustande. Im Hillesheimer Raum waren diese Naturkühlschränke nicht selten und auch in vulkanischen Gesteinen zu finden.

Fünf Kilometer südlich Hillesheim befindet sich der Beilstein. Aufsteigende Lava ist in wahrscheinlich zuvor ausgeworfene Aschenablagerungen eingedrungen und dort

Der Beilstein unweit des Eifelstädtchens Hillesheim ist ein Basaltstock, der der Verwitterung bis heute standhielt.

Ein Buntsandsteinstück des Deckgebirges ist in die aufsteigende Lava eingebacken worden.

Der alte Aufschluss am Giesenheld-Vulkan bei Dohm-Lammersdorf hat rostrotes Lockermaterial freigelegt.

erstarrt. So entstand eine Staukuppe. Dieser Basaltstock hielt der anschließenden Verwitterung stand, während die lockeren Aschenablagerungen und die weicheren Buntsandsteinschichten abgetragen wurden. Um den steil aufgerichteten Beilstein herum sind noch Bruchstücke anderer ehemaliger Basaltsäulen zu finden, die als »Felsenmeer« bezeichnet werden. Im Basalt finden sich häufig schwarze Augitkristalle.

Der Lühwald-Vulkan, südlich des Ortes Oberbettingen gelegen, lässt mehrere Ausbruchsphasen erkennen. Zu Beginn der Eruptionen stand das Magma unter hohem Druck, wurde beim Austritt an der Erdoberfläche hoch in die Luft geschleudert und dabei in kleinere Lavafetzen zerrissen. Gleichzeitig riss der explosionsartige Aufstieg des Magmas viele Gesteinsbruchstücke aus der Wand des Vulkanschlotes mit, die den Gesteinsschichten des Untergrundes entstammen. Die glühendflüssigen Lavafetzen kühlten sich in der Luft ab und lagerten sich anschließend als Aschen um das Ausbruchszentrum des Vulkans ab. Bei den vereinzelt auch abgelagerten Bomben handelt es sich häufig um Gesteinsbruchstücke des Deckgebirges (Buntsandstein und Muschelkalk), die mit einer Basaltkruste umgeben sind. Nach einer gewissen Ruhezeit wurden dann in einer zweiten Ausbruchsphase dunkelgraue und grüne Lapilli sowie Aschen ausgeschleudert, die aber keine Nebengesteinsbrocken mehr enthielten. Hiernach stieg das Magma im Vulkanschlot nur noch langsam auf und wurde deshalb auch nicht mehr allzu hoch in die Luft geschleudert und entsprechend auch nicht mehr so stark zerrissen. Schlacken und Schweißschlacken lagerten sich am Ende der Auswurfstätigkeit ab. Letztlich überdeckte austretende Basaltlava alle Lapilli- und Schlackenschichten, und in der nachfolgenden Zeit verfestigten sich letztere zu Lapilli- und Schlackentuffen. Etwa zehn Kilometer nördlich Hillesheim finden sich bei der Ortschaft Alendorf geschützte Wacholderheidegebiete. Auf Kalkgestein hat sich hier eine einzigartige Pflanzengesellschaft angesiedelt. Neben den Holzgewächsen, unter denen der Wacholderstrauch die auffälligste Erscheinung darstellt, sind es im Frühjahr verschiedene Knabenkräuter, später im Jahr dann Deutscher Enzian und Fransenenzian, Golddistel und Arnika, die an den sonnenexponierten Hängen immer wieder neue farbliche Akzente setzen. Aber nicht nur der Botaniker, sondern auch der Zoologe kommt hier auf seine Kosten, denn artenreich sind die Insekten auf diesen Magerrasen anzutreffen. Große Schafherden zogen im vorigen Jahrhundert über die mageren ausgelaugten Schiffelheideböden - 54000 Schafe gab es 1830 allein im Kreis Prüm - und fraßen jeden Baum- und Strauchkeimling, den sie vor ihre hung-

Die Wacholderheide bei Alendorf steht wie alle solche Heidegebiete im Eifelraum unter Naturschutz.

51

Nur noch Reststücke des Goldberges bei dem Ort Ormont sind nach der rasanten Abbautätigkeit erhalten geblieben.

ihrem Bestand bewahren zu helfen. Dadurch, dass sie Holzgewächskeimlinge abfressen, verhindern sie eine Verbuschung, welche gleichsam die Zerstörung der schutzwürdigen Magerrasengesellschaften bedeuten würde. Die Schäferei wird deshalb in solchen Gebieten in gewissem Ausmaß finanziell gefördert. Trotzdem muss auch der Mensch mit Säge und Axt zum Schutze dieser wertvollen Kleinlandschaften beitragen.

Der nordwestlichste Eckpunkt des Vulkanfeldes der Westeifel liegt bei dem Ort Ormont in der Nähe der belgischen Grenze. Der über 500 Meter hohe Schlackenkegel des Goldberges ist der nördlichste Vertreter der im jüngsten Abschnitt unserer Erdgeschichte (Quartär) entstandenen Eifelvulkane. Tuffabbau hat ihn inzwischen derart verändert, dass nur noch Reststücke, von tiefen Einschnitten unterbrochen, übriggeblieben sind, und der Abbau geht rasant weiter. Dorf und Berg erhielten ihren Namen nach den goldgelben Glimmertäfelchen (Biotit), die im Volksmund als »Katzengold« bezeichnet werden. Sie sind neben Augitkristallen in den vulkanischen Aschen enthalten. An sonnigen Tagen erzeugen diese Glimmerblättchen ständig kleine Blitze, die durch Lichtreflexion hervorgerufen werden.

rigen Mäuler bekamen. Der stachelige Wacholder wurde allerdings von ihnen gemieden, so dass jetzt die große Wacholderzeit begann. Heute sind die Schafe in diesem Raum wiederum von Bedeutung, aber nicht primär als Ernährungsgrundlage des Menschen, sondern um die letzten Restvorkommen einer einstigen ausgedehnten Wacholderheidelandschaft in

Die Mayen-Laacher Region

In dieser Südosteifelregion bietet sich dem Besucher die Gelegenheit, sowohl geologische Formationen des Erdaltertums als auch besondere Glanzpunkte des jüngsten Vulkanismus zu studieren.

Im Gebiet von Mayen-Kaisersesch steht der Hunsrückschiefer an. Die zum Unterdevon (Siegen-Schichten) gehörigen blaugrauen Sedimente sind die ältesten Gesteine der Osteifel. Sie wurden in einem Flachmeer abgelagert und sind durch das Vorherrschen von Tonschiefern gekennzeichnet. Der Hunsrückschiefer, der nach dem südlich anschließenden, topographisch durch die Mosel getrennten Schwestergebirge seinen Namen erhalten hat, war früher als Dachschiefer sehr beliebt. Zwischen Mayen und dem Gebiet von Trimbs und Welling im Nettetal waren zahlreiche Dachschiefergruben in Betrieb gewesen. Schieferdächer herrschen deshalb in dieser Region vor. Der Hunsrückschiefer der Südosteifel verschwindet nach Osten unter den tertiären und quartären Ablagerungen des Neuwieder Beckens und des Laacher Vulkangebietes.

Während des Pleistozäns entstand in der Osteifel eine der jüngsten Vulkanlandschaften Europas. Die geologische

Auf den sonnenexponierten Schieferrücken (hier bei Trimbs, unweit Mayen) hat sich eine wärmeliebende Vegetation aus Gräsern und Zwergsträuchern angesiedelt.

Hauptattraktion dieses Raumes ist ohne Zweifel der Laacher See. Oft wird die Meinung vertreten, der Laacher See sei das größte Eifelmaar. Seine Entstehung verlief aber anders als die der Maarkessel des Westeifeler Vulkanfeldes. Vom Lydiaturm aus, unweit des Hotels »Waldfriede« an der Nordseite des Laacher Sees, lassen

Der in der Laacher-See-Region geplante Vulkanpark soll verhindern, dass auch noch die letzten Vulkankuppen abgebaut werden.

sich eine ganze Reihe von Vulkankuppen erkennen, die den See weiträumig als markante Erhebungen ringsum umgeben. Auf dem entsprechenden Kartenblatt dieser Region liest man dann Namen wie »Krufter Ofen«, »Wingertsberg«, »Thelenberg«, »Laacher Kopf« und »Veitskopf«. Alle diese Basaltvulkane sind viel älter als der Kessel des Laacher Sees, denn ihre Flanken sind mit Bimsschichten überdeckt, die vom Ausbruch des Laacher See-Vulkans stammen. Dessen in der Tiefe aufgestaute Gasmengen brachen plötzlich mit enormer Gewalt nach oben durch, wobei sie die leichteren oberen Schmelzmassen des Herdes mitrissen, die sich unter dem Gasdruck schaumig aufblähten. Sie erstarrten schon beim Aufstieg zu hellem Bimsstein.

In gewaltigen Explosionen konnte sich der Herd zu großen Teilen entleeren. Wie aus dem Hals einer heftig geschüttelten Sektflasche wurden das leichte Bimsmaterial und Aschen bis zu großer Höhe in die Luft geschossen und von Winden in der Troposphäre nach Osten und Nordosten geblasen. Das gesamte Neuwieder Becken wurde mit einer mehrere Meter dicken Bimsschicht überdeckt. Gleichzeitig wurden in Glutwolken feine Aschen ausgestoßen, die dann einige Täler der Umgebung 60-80 Meter hoch mit feinkörnigem Tuff ausfüllten. So lässt sich im Brohl- und Nettetal z. B. dieses als Trass bezeichnete Material in Resten noch gut beobachten. Als millimeterdünne Lagen lassen sich die Laacher Vulkanaschen sogar in Mitteldeutschland, im Ostseeraum und Südschweden finden.

Der Ausbruch des Laacher See-Vulkans muss eine wahre Naturkatastrophe gewesen sein, die sich vor etwa 13000 Jahren ereignete. In zwei bis drei Tagen wurden ca. 16 Kubikkilometer Bims gefördert. Das war mehr als bei der berühmten Eruption des Vesuvs im Jahre 79 n. Chr., bei der die Städte Herkulaneum und Pompeji durch Glutlawinen und Bimsdecken begraben und weite Landstriche verwüstet wurden. Nach der plötzlichen Herdentleerung brach die Erdkruste darüber ein, wodurch eine 2 mal 3 Kilometer große Caldera entstand, geologisch als vulkano-tektonische Depression bezeichnet. Der Laacher Kessel ist also kein Maar, weil sein Hohlform nicht durch explosive Ausräumung, sondern durch Deckeneinsturz entstand. Grund- und Niederschlagswasser sammelte sich schließlich in der ausgekühlten Caldera, wodurch der Laacher See entstand. Er ist mit 51 Meter Tiefe und einer Wasserfläche von 3,3 Quadratkilometer der einzige Caldera-See in Mitteleuropa. Ursprünglich lag der Seespiegel etwa 15 Meter höher. Um das Kloster vor Hochwasser zu schützen und um Land zu gewinnen ist er erstmals im 12. Jahrhundert und später im 19. Jahrhundert noch einmal mit Hilfe von Stollen durch die niedrige Südumwallung auf sein heutiges Niveau von 275 Meter abgesenkt worden.

Der Laacher See und das unmittelbare Umland sind seit 1940 als Naturschutzgebiet ausgewiesen. In den Sommermonaten ist es unumgänglich, durch strikte Verordnungen die Besucherströme - zwei Millionen Besucher werden jährlich gezählt - zu lenken, damit dieses einzigartige Stück Landschaft mit seiner bewundernswerten Tier- und Pflanzenwelt vor weiterer allzu großer Beeinträchtigung verschont bleibt.

Unweit des Laacher Kessels befinden sich der Wehrer Kessel und der Riedener Kessel. Es handelt sich ebenfalls um vulkano-tek-

An den Ablagerungen (Schichtung) der Wingertsbergwand bei Mendig lässt sich die Entstehung des Laacher Sees-Vulkans vor 13.000 Jahren eindrucksvoll erkennen.

tonische Einsturzsenken, wobei letzterer für den Laien doch recht schwierig als solcher zu erkennen ist.

Der geologisch interessierte Osteifel-Besucher sollte es auch nicht versäumen, vielleicht in der Gegend um Ettringen-Mendig einen der stillgelegten Tuffstein- und Basaltbrüche zu besuchen, in denen man noch die Spuren einer Abbautechnik erkennen kann, mit der bis zum Beginn der sechziger Jahre das vulkanische Gesteinsmaterial gewonnen wurde. Ergriffen steht der Betrachter vor den gewaltigen schwarzgrauen Bastionen aus aufrechten Basaltsäulen oder den glatten Wänden und riesigen herausgeschnittenen Restquadern aus gelbweißem Selbergit-Tuff. In der Region Mendig-Kruft hat der Besucher Gelegenheit, alte Aufschlüsse sowie auch noch im Abbau befindliche Vulkankegel zu betrachten. Hier sind in das dunkle Basalt- und Lavamaterial vermehrt helle Tuff- und Bimsbänder eingelagert, die einen Aufschluss besonders photogen erscheinen lassen. Durch Abbauarbeiten angeschnittene Bimslagen lassen sich zwischen den Ortschaften Kruft und Nickenich sehr schön studieren. Auch bei diesem vulkanischen Material sind es wiederum Bänder, hier aus dunkelbraunen Auswurfmassen, die für eine für das Auge wohltuende Abwechslung in den sonst monoton-weißgelben Wänden sorgen.

Unweit der Ortschaft Glees liegt der Dachsbusch, ein basaltischer Schlackenvulkan, der aus Bomben, bizarren Fladen oder kleineren zusammengeschweißten Lavabänken aufgebaut ist. Der Schlackenkegel wird von rötlichen basaltischen Aschen bedeckt, die ebenfalls dem Dachsbusch-Vulkan entstammen. Die Schlacken sind inzwischen weitgehend abgebaut worden. An der Westseite des Berges ist durch einen künstlichen Einschnitt in diese Aschen eine riesige Gleitfalte erschlossen worden, die nicht nur einen Einblick in die vulkanologischen Abläufe gibt, sondern auch die klimatischen Geschehnisse eines längeren Zeitraumes widerspiegelt. Wahrscheinlich während der vorletzten Eiszeit, vor

In dem alten stillgelegten Selbergittuff-Bruch bei Roderhöfen nördlich Ettringen/Mayen hat die Natur wieder Einzug gehalten.

In dieser Bimswand bei Kruft lockert ein Streifen dunkler Auswurfmassen das sonst einheitliche Weiß für das Auge wohltuend auf.

Die im Dachsbuschvulkan westlich des Laacher Sees freigelegte Rutschfalte läßt die Schichtung der verschiedenen Auswurfmassen sehr gut erkennen.

57

ca. 150.000 Jahren, war der Dachsbusch mit seiner Aschendecke ständig mehrere Meter tief gefroren. Nur zeitweilig taute der Boden in den oberen 1-2 Metern auf, und das wassergetränkte Material begann langsam hangabwärts zu rutschen. Auftauen und Wiedergefrieren haben sich sicher oft abgewechselt, entweder nur kurzfristig bei Sonneneinstrahlung oder vielleicht nur im Jahreszeiten-Rhythmus. Die Umbiegungszone der Gleit- oder Rutschfalte zeichnet quasi eine Isotherme nach, unterhalb derer der Boden über längere Zeit hinweg ständig gefroren war. Später wurde die Dachsbusch-Anhöhe von Löß überweht, der als dünnes gelbes Band im Anschnitt sichtbar ist. In ihm befinden sich einige Basaltblöcke vom Gipfel des Berges, die in dem Lößbrei hangabwärts »geflossen« sind. Wenige hundert Meter

westlich, am Ostrand des Wehrer Kessels, erfolgten schließlich Bimstuff-Ausbrüche, die den ganzen Dachsbusch-Vulkan überschütteten. Durch diese als »Gleeser Bims« bezeichneten Ablagerungen wurde die Gleitfalte und der sie überlagernde Löß vor der Abtragung geschützt.

Die Trier-Bitburger Bucht

Eine geologische Karte, in der die einzelnen erdgeschichtlichen Formationen jeweils in bestimmten Farben dargestellt sind, zeigt in der Westeifel, besonders im Raum Trier-Bitburg, ein abwechslungsreiches buntes Allerlei verschiedener Farbtöne. In einer Senkungszone, die die Eifel in nordsüdlicher Richtung durchzieht, wurden im Erdmittelalter verschiedenar-

Auf den senkrecht zum Rurtal abfallenden Buntsandsteinfelsen thront die gewaltige Burgruine Nideggen.

tige Sedimentgesteine abgelagert. Während die Eifel sonst nur an ihren Rändern von den mesozoischen Meeren überspült wurde, finden sich deren Sedimente aber auch in dieser Eifeler Nord-Süd-Zone. In der großen Trier-Bitburger Bucht im Süden und der kleinen Mechernich-Nideggener Senke im Norden kann der Eifelbesucher alle Gesteine der Trias studieren. In anderen Bereichen der Westeifel sind diese Schichten durch den späteren Aufstieg des Rheinischen Schiefergebirges wieder abgetragen worden.

Der rote Buntsandstein, der als festländischer Abtragungsschutt in einer Periode trocken-heißen Klimas abgelagert wurde, kommt zwischen der Trier-Bitburger Bucht und dem kleineren Senkungsbereich von Mechernich-Nideggen nur in kleineren Flecken vor. Ein etwas größeres Vorkommen, das hier von der Erosion übriggelassen wurde, findet sich im Oberbettinger Graben zwischen Gerolstein und Hillesheim, auf welches später noch einzugehen sein wird.

In der etwa hufeisenförmigen Trier-Bitburger Triasbucht besitzen die Schichten des Buntsandsteins (mittlerer und oberer Buntsandstein zusammen) eine Mächtigkeit von etwa 50-300 Metern. Das Flüsschen Kyll und die vor allem von Westen zuführenden Täler zwischen den Ortschaften Kordel und Ehrang haben hier beeindruckende Felsbastionen herauspräpariert, die den Naturliebhaber immer wieder begeistern werden. Im Stadtbereich von Trier bietet sich dem Besucher ein

Erlebnis besonderer Art. Er kann mit der Seilbahn vom rechten Moselufer aus hinauf zum »Weißhaus« schweben. Dieses in der Region bekannte Ausflugslokal liegt auf einer steilwandigen, dicken Buntsandsteinbank, die die Mosel auf der Eifelseite herauspräpariert hat und von der sich ein phantastischer Blick auf die älteste Stadt Deutschlands eröffnet.

Der ziegelrote bis rotbraune Buntsandstein verwittert zu wenig fruchtbaren Böden, so dass hier die Landwirtschaft zurücktritt

Wie bei allen meist im Wald versteckten Kultstätten auf dem Ferschweiler Plateau reicht auch die Entstehung des Fraubillenkreuzes in das 3. Jahrtausend zurück.

Der mittlere Keuper (Steinmergelkeuper) bildet bei der Eifelgemeinde Ingendorf die sogenannte Scharrenlandschaft.

und der Wald die dominierende Rolle einnimmt. Besonders deutlich lässt sich dieser Zusammenhang auch im Pfälzer Wald, der vielgestaltigsten Buntsandsteinlandschaft Deutschlands, erkennen.

Die über dem Buntsandstein liegenden weichen Schichten von Muschelkalk und Keuper bilden im Raum Bitburg fruchtbare Ebenen, das sogenannte Bitburger Gutland. Kalkig-mergelige Böden sind die Grundlage für einen vorzugsweise agrarisch genutzten Raum mit langer Tradition. In der Landschaft tritt der Muschelkalk wegen seiner geringen Widerstandsfähigkeit gegenüber Verwitterung kaum auffallend in Erscheinung, es sei denn an relativ frischen Aufschlüssen, wie z. B.

bei dem Ort Meckel, wo er in größerem Umfang abgebaut wird.

Der Keuper, die jüngste Phase der Trias-Sedimente, lässt sich im Bitburger Land an den westlichen Abhängen des Nimstales bei den Ortschaften Messerich, Ingendorf und Dockendorf besonders gut studieren. Es scheint hier, als sei tonnenweise grauer Split abgekippt worden. Es handelt sich um den Steinmergelkeuper (Mittlerer Keuper), der am Rande des sich von Südwesten nach Nordosten erstreckenden Höhenrückens des Bedhard ein markantes Profil bildet. Wenige Meter hohe Sättel, von spärlicher Vegetation bewachsen, die sog. Scharren, wechseln mit dazwischen liegenden Senken, den Runsen ab, die mit Gebüschgruppen bewachsen sind. Diese

Keuperscharren-Kleinlandschaft zählt aufgrund ihrer geologischen, bodenkundlichen und mikroklimatischen Situation zu den landschaftlichen Kostbarkeiten der Eifel. Das günstige Lokalklima dieser Scharren-Landschaft hat zur Folge, dass sich hier eine besonders wärmeliebende Tier- und Pflanzengesellschaft angesiedelt hat. An typischen Holzgewächsen treten u. a. Trauben- und Stieleiche, Mehl- und Elsbeere, Feldahorn, Kornelkirsche, Wolliger Schneeball und Seidelbast auf. Die kalkliebenden Orchideen sind mit etwa einem Dutzend Arten vertreten.

Weiter nach Westen treten mit den Lias-Schichten des Unteren Jura die jüngsten Gesteine dieses Raumes auf. Es handelt sich um einen kalkigen Sandstein, der wegen seiner Härte viele Felsvorsprünge an den Talhängen bildet. Dieser Luxemburger Sandstein bildet im unteren Prüm- und Sauertal eine malerische Erosionslandschaft, deren bizarre Schönheit noch durch Rutschungen und Felsstürze des auf tonig-mergeligem Keuperuntergrund ruhenden Liasgesteins unterstrichen wird. Eine Bergsturzmasse hat sich im Prümtal zwischen Irrel und Prümzurlay ausgebreitet, so dass der Bach sich aufwirbelnd zwischen den Sandsteinblöcken

Die Händelwurz ist eine der vielen Orchideenarten, die es in der Keuperscharrenlandschaft gibt.

Berühmt sind die Irreler Wasserfälle, die durch gewaltige Felsblöcke im Flussbett des Flüsschens Prüm entstanden sind.

Die »Schweineställe« sind eine der bekanntesten Felsgruppen im Deutsch-Luxemburger Natur-park.

Der Luxemburger Sandstein lässt besonders an Steilwänden die sogenannte Wabenverwitterung erkennen.

hindurchzwängen muss. Bei Hochwasser sind die Stromschnellen ein Treffpunkt der Wildwasserkanuten. Von dieser Bachpartie, als Irreler Wasserfälle bekannt, führt ein Wanderweg zu der Teufelsschlucht hinauf. Hier am Rande des Ferschweiler Plateaus wird die Lias-Sandsteinfläche durch tiefe Spalten in Felstürme und -mauern zerlegt. Sehenswert ist auch die Felsgruppe der »Schweineställe« auf der Ostseite des Sauertales. Die anrüchige Namensgebung rührt daher, weil sich an beiden Seiten die Felsenschlucht derart verengt, dass man sie in früheren Jahren mit Baumstämmen leicht abschließen konnte, um sie als Nachtrastplatz für die Hausschweine während der herbst- und winterlichen Mastperiode im Wald zu nutzen. Die Schweinemast im Wald mittels Bucheckern und Eicheln (Schmalzweide) wurde über Jahrtausende ausgeübt und ist erst seit den Anfängen des 20. Jahrhunderts ausgelaufen. Bei Gefahr suchten früher auch Menschen den schmalen Durchlass zwischen den Sandsteinfelsen auf.

Das Ferschweiler Plateau und seine Randgebiete gehören zum Naturpark Südeifel. Das milde Klima und die kalkreichen Böden machen es möglich, dass der Naturpark als Orchideenland bezeichnet werden kann. Viele Arten dieser botanischen Kostbarkeiten, die alle in den Monaten Mai/Juni blühen, kann der Orchideenfreund hier noch bestaunen.

Die »Wolfskauel« bei Oberbettingen lieferte noch vor einigen Jahren den roten Sandstein für den lokalen Baubedarf.

Fossilien - Spuren aus der Urzeit des Lebens im Eifelraum

Es war der französische Zoologe Georges Cuvier, der Ende des 18. Jahrhunderts die Paläontologie als Lehre von den Lebewesen der Vorzeit begründete. Durch Vergleich mit dem anatomischen Bau heute lebender Tiere gelang es ihm, die aufgefundenen Reste ausgestorbener Tiere einzuordnen. So erkannte er z. B., dass das Skelett der Vordergliedmaßen vierfüßiger Wirbeltiere immer den gleichen Grundbauplan aufweist und trotz unterschiedlicher Ausgestaltung stets die gleichen Baueinheiten Oberarm, Unterarm (Elle und Speiche), Handwurzel, Mittelhand und Finger besitzt. Mittels der Paläontologie konnte sowohl Cuvier als auch andere Naturforscher seiner Zeit feststellen, dass alle Lebewesen, also auch die Pflanzen, sich während der Zeit stammesgeschichtlich weiterentwickelt haben. Die Versteinerungen, die man fand und heute noch findet, sind untrügliche Zeugen und Belege für eine Evolution der Organismen, an der heute wohl kein Naturwissenschaftler mehr zweifeln kann. Für den Geologen allerdings stellen die Fossilien Urkunden der Erdgeschichte dar, insbesondere dann, wenn es sich um Stücke handelt, die typisch für einen ganz bestimmten Zeitabschnitt sind. Auf diese Leitfossilien wurde schon bei der Entstehungsgeschichte der Eifel eingegangen.

Manche Steinbrüche sind an Wochenenden ein beliebtes Ausflugsziel für Familien. Mit Geologenhammer und Bestimmungsbüchern ausgerüstet machen sie sich auf die Suche nach Versteinerungen.

Das Sammeln schöner, oft bizarrer Formen versteinerter Pflanzen- und Tierkörper ist bei manchem halbwegs interessierten Naturfreund schon oft zur Leidenschaft geworden.

Beim Nachschlagen in einem geologischen Sachbuch erfährt man, dass es allein die im Laufe der Erdgeschichte in den Urmeeren und auf den Festländern gebildeten Schichten der Ablagerungs- oder Sedimentgesteine sind, die für die Fossiliensuche in Frage kommen. Aber nicht in allen Sedimentgesteinen sind Fossilien zu erwarten. Trotz eifrigen Suchens wird man in roten Sandgesteinen kaum fündig werden, denn sie wurden in einem ariden, wüstenhaften Klima gebildet, das ohnehin lebensfeindlich war und darüber hinaus auch keine idealen Erhaltungsbedingungen der eingeschlossenen Organismen bot. Trotzdem bestätigen auch hier Ausnahmen die Regel, denn im Zuge des Natursteinabbaus in der Eifel zu Beginn des 20. Jahrhunderts fand man im Buntsandstein bei Oberbettingen im ehemaligen Steinbruch »Wolfskaul« ein fast vollständig erhaltenes Kleinsaurierskelett, den sogenannten Eifelosaurus triadicus.

Damit ein Fossil entstehen kann, muss der tote Organismus möglichst rasch unter weitgehenden Luftabschluss gelangen, denn nur so kann die bakterielle Zersetzung und damit die Zerstörung verhindert oder wenigstens verlangsamt werden. Sauerstoffarmut ist aber von vornherein in einem Meer eher gewährleistet als auf dem Festland. Auch die Einbettung eines toten

Lebewesens in Sand, Schlick und Ton wird im Meer in der Regel viel rascher erfolgen, weil die Sedimentanlieferung grundsätzlich viel größer ist.

Was der Fossiliensammler normalerweise findet, sind die Überreste von Hartteilen der ehemaligen Lebewesen, wie Knochen, Panzer oder Gehäuse. Es kann aber auch zu einer Veränderung der chemischen Zusammensetzung der Hartteile kommen, wodurch die Überreste der Organismen allmählich versteinern. Häufig bilden sich auch sogenannte Steinkerne. Der Körper des einstigen Lebewesens im Gestein wird zersetzt, ein Hohlraum entsteht. In diesen sickert mineralhaltiges Wasser ein. Das Wasser entweicht mit der Zeit, die Mineralien kristallisieren aus und füllen den Hohlraum.

Wer im Kunstunterricht in der Schule schon einmal an einem selbst hergestellten Gipsblock gearbeitet hat, kann sich leicht vorstellen, dass feinkörniges Material sich besonders gut als Einbettungsmasse für die spätere Ausbildung des Fossils eignet. Als feinkörnige Sedimentgesteine im Meer kommen Kalk, Mergel oder Ton in Betracht. Da die Eifel im Laufe der Erdgeschichte sowohl Senkungs- als auch Hebungsprozessen unterlag, wechselten Transgressionsphasen (Meeresüberflutungen) mit solchen der Festlandbildung ab. Während der Devonzeit herrschte in der Eifel das Wasser vor. Die hier weit verbreiteten unterdevonischen Sedimente sind mehrere Tausend Meter mächtig. In ihnen fand man die ersten fossilen Wirbeltiere in Form von Panzerfischen sowie die ersten Landpflanzen. Ein fast südseehaftes Klima schuf während der Mittel- und Oberdevonzeit günstige Voraussetzungen für die Ansiedlung von Lebewesen auf dem Meeresgrund eines relativ flachen Schelfmeeres. Im Zuge der Variskischen Gebirgsbildung wurde dann der devonische Meeresboden mit der in ihm eingebetteten Fauna herausgehoben und gefaltet. Weil nun die mittel- und oberdevonischen Sedimente wegen der geringeren Korngröße weicher als die unterdevonischen waren, konnten sie der anschließenden Erosion nur dort widerstehen, wo sie in tektonischen Mulden eingebettet waren. Die zehn Eifeler Kalkmulden stellen heute Fragmente einer einstigen einheitlichen mitteldevonischen Sedimentdecke dar. Die Gerolsteiner Kalkmulde ist eine der südlichsten und kleinsten Kalkmulden. Ihre etwa 350-400 Millionen Jahre alten Versteinerungen zählen wegen ihrem extrem guten Zustand zu den bekanntesten in der Welt. So ist es nicht verwunderlich, dass Jahr für Jahr namhafte Professoren und Studenten aus dem In- und Ausland in die Gerolsteiner Region kommen, um wissenschaftliche Studien zu betreiben. Im Laufe der Jahre ist allerdings durch Bebauungsmaßnahmen viel fossilträchtiges Material einzementiert worden. Zudem hat unkontrollierte Sammelleidenschaft dazu geführt, dass mit Gerolsteiner Raritäten Raubbau getrieben wurde. Es mussten deshalb Maßnahmen ergriffen werden, die eskalierende Sammeltätigkeit zu vermeiden bzw. zu reduzieren. Die Stadtverwaltung hat in Zusammenarbeit mit einem geologischen Arbeitskreis einen Maßnahmenkatalog zusammengestellt, in dem dem Tourismus Rechnung getragen wird, den wertvollen geologischen Besonderheiten des hiesigen Raumes aber auch ein gewisser Schutz zuerkannt wird.

Die ehemaligen Meeresbewohner des einstigen warmen Flachmeeres in der Eifel zählen überwiegend zu den wirbellosen Tieren. Die berühmten Gerolsteiner

Die Trilobiten oder Dreilappkrebse gehören zu den schönsten Fossilien Gerolsteins.

Dolomiten sind hauptsächlich von Korallen und Stromatoporen des Mitteldevonmeeres aufgebaut worden. Die zum Stamm der Hohltiere zählenden Korallen sind eine Tiergruppe, die sich bis zum heutigen Tag überwiegend in den Meeren der südlichen Hemisphäre erhalten hat. Nach genetisch festgelegtem Muster bauen die winzigen Korallenpolypen hier ständig neue Riesenbauwerke aus kohlensaurem Kalk auf. Ein Blick auf Atlaskarten des Südseeraumes lässt hier eine große Zahl von Atollen, Koralleninseln und Riffen erkennen. Von letzteren stellt das berühmte Great Barrier-Riff an der Ostküste Australiens einen natürlichen Brandungsschutz dar. Im Gerolsteiner Naturkundemuseum ist in der Korallenvitrine nur eine Auswahl der schönsten und wichtigsten Exemplare aus der großen Vielfalt dieser Tiergruppe ausgestellt.

Die zweite Gruppe dieser Riffbildner, die Stromatoporen, ist heute ausgestorben; sie existierte über 500 Millionen Jahre bis in die Kreidezeit hinein.

Zu den seltensten und schönsten Fossilien Gerolsteins gehören die Trilobiten oder Dreilappkrebse, die ihre Blütezeit im Erdaltertum hatten. Ihre nächsten heute noch lebenden Verwandten sind die lichtscheuen Asseln und der in der Südsee beheimatete Pfeilschwanzkrebs (Limulus). Es ist mit großer Wahrscheinlichkeit anzunehmen, dass es kein namhaftes paläontologisches Museum auf der Welt gibt, in dem nicht auch »Gerolsteiner Trilobiten« ausgestellt werden. Da diese interessanten Fossilien nur an wenigen Stellen gefunden werden, jedes Jahr aber Sammler aus aller Welt nach Gerolstein kommen, um nach den begehrten Trilobiten zu suchen, sah man sich gezwungen, die bekanntesten Fundstellen unter strengen Schutz zu stellen.

Bei den Seelilien, die im Erdaltertum in einem weit größeren Artenreichtum vorkamen als heute, handelt es sich trotz des »blumigen« Namens um echte Tiere. Wegen des besonderen Skelettbaues dieser Tiere findet man heute kaum ganz erhaltene Exemplare, sondern höchstens Seelilienfragmente. Bei den Fundstücken handelt es sich meistens um einzelne Scheibchen, aus denen sich die Stiele der Tiere zusammensetzen, im Volksmund »Bonifaziuspfennige« genannt.

Weitere Gruppen aus der fossilen Fauna der Kalkmulden sind die Brachiopoden (Armfüßler) und die Cephalopoden (Tintenfische). Armfüßler erinnern auf den ersten Blick an Muscheln, zeigen aber im Vergleich zu diesen unterschiedliche Symmetrieebenen. Im Unterschied zu den heute lebenden Tintenfischen besaßen diejenigen des Erdaltertums alle ein Gehäuse, das entweder langgestreckt (Belemniten) oder aufgewunden war (Ammoniten) und aus einer Vielzahl von Kammern bestand. Bei den Fossilien ist stets nur das Gehäuse erhalten.

Das Perlboot der Gattung Nautilus ist die einzige rezente Tintenfischart, die ein Gehäuse besitzt und sich von den Kopffüßlern herleitet, die im Paläozoikum und Mesozoikum weltweit verbreitet waren. Man spricht deshalb von einem »lebenden Fossil«.

In der südöstlichen Eifel in der Gegend zwischen Nette und Alf wird schon seit

Die Brachiopoden oder Armfüßler hatten im Devon ihre größte Verbreitung.

Die Genovevaburg in Mayen thront auf einem Schieferfelsen, eingebaut in den Stadtmauerring.

langem unterdevonischer Dachschiefer abgebaut. Hier werden die Kauber Schichten des Hunsrückschiefers aufgeschlossen, die bekanntlich sehr fossilträchtig sind und deshalb ein erdgeschichtliches Archiv von hohem Rang darstellen. Funde aus den Gruben um Bundenbach und Gemünden im Hunsrück liefern der Paläontologie immer neue und erstaunliche Erkenntnisse. 1936 schreibt W. Ahrens in seinen geologischen Erläuterungen zum »Blatt Mayen«, dass die Hunsrückfossilien in der Südosteifel selten seien und einen verzerrten Erhaltungszustand aufwiesen. Gemeint war damit, dass die Stücke durch Vorgänge bei ihrer Einbettung sowie bei der Umwandlung des abgelagerten Schlammes im Schiefer stark flachgedrückt wurden. Die abbauwürdi-

gen Schieferpartien im Mayener Raum führen in der Regel wenige Versteinerungen, zudem trägt die starke Mechanisierung von Abbau und vor allem bei der Verarbeitung dazu bei, dass der Eindruck entsteht, es handele sich um fossilarmes Material. Im Unterschied zum Hunsrück liegen viele Fossilien in der Südosteifel nicht flachgedrückt vor, sondern in körperlich erhaltenem Zustand. Für den Fossiliensammler sind solche Stücke besonders wertvoll. Die Qualität der Schieferplatten wird durch sie allerdings gemindert, denn oft treten dadurch Verbiegungen und andere unerwünschte Veränderungen in dem blaugrauen Sedimentmaterial auf, so dass es verworfen wird. Auf den Abraumhalden lässt sich mit etwas Glück so manches schöne Stück entdecken.

Die häufigsten Fossilien in den Hunsrück-schiefern der Südosteifel sind Kopffüßler (Tintenfische), Korallen, Trilobiten, Brachiopoden und Muscheln. Häufig finden sich im Schiefer Fossilien, die mit einer Schicht von goldglänzendem Pyrit (Schwefelkies) überzogen sind. Dieser Pyrit, der ein Fossil optisch besonders reizvoll macht, entsteht, wenn bei dem bakteriellen Abbau des organischen Materials Schwefelwasserstoff (H_2S) frei wird und dieser dann mit den im Meerwasser enthaltenen Eisensalzen zum Schwefelkies (FeS_2) weiterreagiert.

Der versierte Fossiliensammler weiß, dass mit zunehmendem Tongehalt der Sandsteine auch die Chance größer wird, fündig zu werden. Und je dunkler die verschiedensten Sedimentgesteine gefärbt sind, d. h. je mehr bituminöse Substanzen darin angehäuft sind, desto größer ist die Aussicht auf Erfolg. Geradezu ein Paradebeispiel dafür stellt das in der Südwesteifel gelegene Eckfelder Maar dar. Das nach der kleinen Eifelgemeinde benannte Trockenmaar, das in der Verbandsgemeinde Manderscheid liegt, hat in jüngster Zeit bei Geologen und Paläontologen großes Aufsehen erregt. Der damalige Eckfelder Schulmeister Nikolaus Pauly entdeckte 1839 bei einer Wanderung nach Manderscheid im bewaldeten Tal des Pellenbaches ein dunkles krümeliges Stück Gestein, das er für Braunkohle hielt. Die Substanz ließ sich tatsächlich als Heizmaterial verwenden, und Pauly beschloss, das Vorkommen genauer zu erkunden. 1854 begann der jetzt zum Unternehmer avancierte Dorfschullehrer mit dem planmäßigen Abbau dieses fossilen Energieträgers, der wahrscheinlich in der nahegelegenen Eisengießerei in Eisenschmitt Verwendung fand.

Das Eckfelder Maar hat als Fundgrube vieler Fossilien in den letzten Jahren von sich reden gemacht.

Die Arbeit gestaltete sich jedoch schwierig und gefährlich, so dass der Eckfelder Bergbaubetrieb wenige Jahre später wieder stillgelegt wurde. Erst 1959 stieß in der Sammlung des Geowissenschaftlichen Institutes der Universität Köln der Paläontologe Pflug auf ein Stück dieser sogenannten Eckfelder Braunkohle. Anhand fossiler Pollen und Sporen, die darin enthalten waren, konnte belegt werden, dass dieses Eckfelder »Braunkohlevorkommen« mindestens doppelt so alt war wie zuvor angenommen. Eine 1980 von Trierer Geologen niedergebrachte Forschungsbohrung bis zu einer Tiefe von 66,5 m erschloss ein breites Spektrum unterschiedlicher Sedimente. Die erbohrten Ablagerungen beginnen mit einer Folge vulkanischer Lockermassen (Pyroklastika) und gehen dann in eine über 30 Meter mächtige Serie fein geschichteter Tonsteine (Laminite) über. Die wissenschaftliche Auswertung des Bohrkerns sowie die rundliche Form und die Größe des Durchmessers der Talweitung von ca. 400 m, in der Nikolaus Pauly sein »Braunkohlevorkommen« entdeckte, führten zu der Erkenntnis, dass es sich beim Eckfelder Maar um einen, wenn auch sehr viel älteren, Explosionstrichter handeln muss. Auch hier wurden, wie bei der Entstehung der bekannten quartären Eifelmaare, beim Zusammentreffen glutflüssiger Magmamassen mit dem versickernden Oberflächenwasser riesige Wasserdampfmengen freigesetzt, die zu der Aussprengung des Maartrichters führten. Die Datierung des Ausbruchs kommt auf ein Alter von 44,3 Millionen Jahren, und somit ist das Eckfelder Maar etwa fünftausend mal älter als die übrigen Maarbildungen der Westeifel. Von der ursprünglichen Maarform am unteren Ausgang des Pellenbaches ist so gut wie nichts mehr zu erkennen, denn jahrmillionenlange Verwitterung und Abtragung haben die ursprüngliche Landoberfläche weitestgehend verändert. Wie die heutigen 8 bekannten Maarseen, so war auch das Eckfelder Maar ein wassergefüllter Explosionstrichter. Das Seebecken füllte sich allmählich durch verwittertes Material auf, das von den Rändern durch Regenwasser eingeschwemmt wurde. Die fein gebänderten Tonschichten enthalten Schalenreste von Kieselalgen. Diese mikroskopisch kleinen Lebewesen zählen zum pflanzlichen Plankton (Phytoplankton), welches das erste Glied in der Nahrungskette eines Süßwassersees darstellt. Die Auswertung des Bohrkerns ergab weiterhin, dass ein großer Teil des Tonpaketes aus bituminösen, an organischen Stoffen sehr reichen Schichten besteht. Dadurch erhält das Gestein seine dunkle Farbe und den weichen, bröseligen Charakter. Diese »Braunkohlen«, die Nikolaus Pauly vor 150 Jahren bei Eckfeld fand, erinnern sehr an die feinkörnigen Ölschiefer der Grube Messel bei Darmstadt.

Seit 1987 arbeitet ein Team aus Wissenschaftlern des Naturhistorischen Museums Mainz, Landessammlung für Naturkunde Rheinland-Pfalz, zusammen mit Studenten und Zivildienstleistenden an der denkmalgeschützten Fossilfundstätte Eckfelder Maar. 40000 Fossilien wurden seither aus dem bituminösen Tonstein herausgeschält. Die Grabungsstelle im ältesten Maar der Eifel wird durch ein Zeltdach geschützt, damit auch bei Regen und Sommerhitze weitergegraben werden kann. Die Fossilien aus dem schwarzbraunen brüchigen Tonstein herauszuschälen gestaltet sich für das Grabungsteam recht schwierig. In handgroßen Stücken lösen die Mitarbeiter das weiche Gestein mit einem Messer ab und trennen die einzelnen Schichten auf, um die Fossilien freizulegen und zu identifizieren. Ein gefundenes Fossil muss sofort mit einem Spezialverfahren konserviert werden, weil das Gestein an der Luft innerhalb kurzer Zeit zerbröckelt und der fossile Inhalt für immer zerstört wäre.

Durch die extrem feinkörnigen Tonschichten sind die Fossilien außergewöhnlich gut erhalten. Die Blätter verschiedenster Pflanzenfamilien lassen sogar Feinheiten wie Nervatur und Zellmuster der Blattoberfläche erkennen. Fossile Blätter lassen sich anhand ihrer Oberflächenstrukturen bestimmen. So konnte man Ulmen-, Walnuß- und Rosengewächse nachweisen,

Fossilträchtig sind die schwarzbraunen bituminösen Schichten des Eckfelder Maares.

aber auch Pflanzenfamilien, wie die Palmen-, Lorbeer- und Teegewächse, deren heutige Nachfahren nur in den Wärmezonen der Erde vorkommen. Aus dem Eckfelder Maar liegt aber auch eine große Zahl fossiler Blüten vor, an denen sich sogar so feine Strukturen wie Narbenlappen und Pollensäcke mit Pollenkörnern erkennen lassen. Groß ist auch die Zahl fossiler Insekten, die während des mittleren Eozäns unseren Eifelraum bevölkerten. Käfer sind mit 90% aller Insektenfunde die in Eckfeld häufigste Ordnung, daneben existieren aber auch Hautflügler, Fliegen, Mücken, Libellen und Köcherfliegen. Im Eckfelder Maarsee, der etwa 200000 Jahre bestand und dann verlandete, lebten Schnecken, Muscheln, Krebse und zahlreiche Fischarten. Besonders zahlreich ist ein Vertreter der Barschartigen, der bisher nur von Eckfeld bekannt ist und deshalb den wissenschaftlichen Namen Pararhenanoperea eckfeldensis erhielt. Auch Amphibien und Reptilien kamen im eozänen Maarsee vor, was durch den Fund eines unvollständigen Froschskelettes sowie den Zähnen und Kieferbruchstücken von drei Krokodilarten belegt werden kann. Bemerkenswert ist auch der Einzelfund eines Fledermausflügels.

Die zahlreichen fossilen Pflanzenreste sowie das Vorkommen von Krokodilen belegen eindeutig, dass es sich seinerzeit im mitteleuropäischen Raum um ein subtropisch feuchtwarmes Klima handelte und der immergrüne Urwald das dominierende Pflanzenkleid darstellte. An diesen mit dichtem Unterwuchs durchsetzten

Das vollständig erhaltene Skelett eines Urpferdchens wurde 1991 bei den Ausgrabungsarbeiten ans Tageslicht gefördert.

Wald war ein Vorfahre unserer heutigen Pferde, das Urpferd, bestens angepasst. Das fuchsgroße Tierchen war ein Laubfresser mit spitzhöckrigem Gebiss und besaß mehrzehige Extremitäten, mit denen es sich auf dem weichen, oft morastigen Boden gut fortbewegen konnte. 1991 förderte das Grabungsteam von Eckfeld ein vollständiges, zusammenhängendes Skelett des Urpferdes Propalaeotherium ans Tageslicht. Nicht nur die Knochen, sondern sogar Teile des Weichkörpers und Reste des Mageninhaltes waren erhalten. Im hinte-

ren Bauchabschnitt befanden sich zudem noch die Überreste eines ungeborenen Fohlens. Bei dem Fossil handelte es sich um eine trächtige Stute, die im Eckfelder Maar ertrunken ist.

Kürzlich gelang dem Forscherteam ein weiterer sensationeller Fund im Eckfelder Maar. Es förderte zwei gut erhaltene Backenzähne und ein Unterkieferstück zweier unterschiedlicher Primatenarten zutage. Bei den Tieren handelte es sich um Halbaffen, wie sie heute noch in Madagaskar leben. Mit diesem Fossilfund konnte erstmals die Anwesenheit von solchen dem Menschen verwandten Säugetieren aus der Tertiärzeit im heutigen Rheinland-Pfalz belegt werden. Im Maarmuseum in Manderscheid werden die wertvollen Funde für die Öffentlichkeit angemessen präsentiert. Die Grabungen in diesem alten Maar haben in der Südwesteifel eine der bedeutendsten Fossilfundstätten Mitteleuropas aufgespürt. Die neueste Entdeckung stellt eine 44 Millionen Jahre alte Laus dar. Das 6,7 mm große Tierchen gilt bislang weltweit als der älteste Fund einer fossilen Laus. Da die Grabungsstelle Eckfeld etwa vier Millionen Jahre jünger ist als die Grube Messel, lässt sich in etwa die Evolution der Tier- und Pflanzenwelt anhand vergleichender Betrachtung detaillierter Körperstrukturen nachvollziehen. Wenn die Arbeiten nicht durch das Ausbleiben weiterer Fördermittel eingeschränkt werden, wird in Zukunft sicher von so manch weiterer paläontologischer Sensation aus Eckfeld zu hören sein.

In den »Eishöhlen« von Birresborn verdunstet das von oben eindringende Wasser rasch und es entsteht Verdunstungskälte. Bis in den Sommer hinein bleibt so Eis erhalten.

Der Mensch nutzt geologische Gegebenheiten
– Einblicke in die Anthropogeologie der Eifel –

Als vor ca. 10000 Jahren die letzte Eiszeit zu Ende ging, schaffte eine deutliche Klimaverbesserung in der beginnenden Warmzeit die Voraussetzung für die Besiedlung der Eifel durch den Menschen. Vorgeschichtliche Funde zeigen, daß die Eifelregion zumindest lokal bereits von seßhaften Menschen bewohnt wurde. Diese Steinzeitmenschen haben die natürlichen Höhlen genutzt und ihre Nahrung durch die Jagd in den Eifelwäldern sichergestellt. Doch schon bald wurde es notwendig, zusätzliche Nahrungsmittel zu beschaffen, so daß die ursprüngliche, vom Menschen kaum beeinflußte Naturlandschaft nun für den Ackerbau und die Viehzucht genutzt wurde. Durch Pollenanalyse ließ sich nachweisen, daß etwa um 2500 v. Chr. der jungsteinzeitliche Mensch in der Eifel die ersten Rodungen durchführte und Getreide anbaute. Der durch lange Verwitterungsvorgänge entstandene Boden wurde damit erstmals in größerem Maße für die Nahrungsmittelerzeugung genutzt, wobei die Kalk- und Lößböden bevorzugt wurden. Als erstem Lebewesen in der 600 Millionen Jahre während Erdgeschichte der Eifel eröffnete sich ihm damit aufgrund seiner Intelligenz die Möglichkeit, in den geologischen Kreislauf einzugreifen und natürlich verlaufende, auf Gleichgewicht hinzielende Vorgänge zu beeinflussen. Dieses war der erste Schritt von der Naturlandschaft zu einer Kulturlandschaft.

Die Römer waren es dann, die die in der Eifel vorkommenden Natursteine erstmals für ihre verschiedenen Baumaßnahmen nutzten. Die weite Verbreitung der unterdevonischen Schichten in der Eifel hat natürlich zu einer entsprechend großen Nutzung dieser Sandsteine geführt. Vor allem die Gesteine der Siegen-Schichten

Die bekannten Kakushöhlen zwischen Weyer und Eiservey entstanden durch fließendes Wasser in lockerem Kalksintermaterial.

waren wegen ihrer Verwitterungsbeständigkeit sehr begehrt. Hellverwitternde Kalksteine, z.B. der Aachener Blaustein, wurden oft als schmückendes Element am Bau verwendet, so u.a. für Fenster-, Tür- und Toreinfassungen. Steine des Unterdevons wurden auch als Pflastersteine genutzt. Die Römer bauten ihre überregionalen Straßen damit aus. Später, in der Zeit der französischen Besetzung der Eifel und in der preußischen Zeit, sind wichtige Verbindungsstraßen und vor allem die Straßen in den größeren Ortschaften gepflastert worden.

Der in der Südosteifel anstehende blaugraue Hunsrückschiefer ist ein Naturgestein, das als Baustein, überwiegend aber zur Dacheindeckung, Verwendung fand und auch heute noch findet. Auf einer Karte des kurtrierischen Amtes Mayen von 1784 sind die wichtigsten Erträge dieser Eifelregion dargestellt. Neben Erzeugnissen aus der Land- und Forstwirtschaft sowie denen aus vulkanischen Gesteinen zeigt eine Reihe aufgestellter Dachschiefer die Bedeutung des hier seit frühgeschichtlicher Zeit gewonnenen Baumaterials auf. »Schieferstein oder Deckleyen«, so heißt es in der Amtsbeschreibung des Oberamtes Mayen, »werden in den Gemarkungen der Städte Mayen, Trimbs, Hausen, Betzing und Müllenbach gebrochen.« Dachschiefer wurde schon zur Römerzeit neben Dachziegeln für die feuerfeste Eindeckung im Rheinland verwendet. Aus vielen römischen Siedlungsstellen sind die Reste der 15-25 mm dicken quadratisch zugehauenen Schieferplatten bekannt. Materialvergleiche der in Xanten gefundenen römischen Dachschiefer zeigen, daß diese aus dem Mayener Raum stammen. Auch wurden römische Gefäßscherben in alten Schieferhalden am Fuße des Katzenberges bei Mayen gefunden.

Bis ins 18. Jahrhundert wurde Dachschiefer meistens an Talhängen in offenen Steinbrüchen gewonnen. In Oberflächennähe drang oft Wasser mit gelöstem Sauerstoff in die Gesteinsspalten ein, wodurch sich braune Eisenverfärbungen bilden konnten, deren Flecken den Schiefer minderwertig machten. Heute wird der Dachschiefer in tiefen Stollen oder Schachtanlagen unter Tage gewonnen, so daß eine Braunfärbung nur noch selten anzutreffen ist. Bekannt und begehrt ist der Ratschek-Schiefer der Gruben »Margaretha« und »Katzenberg«. In Mayen gibt es heute noch eine Dachdeckerschule, wo junge Leute die Kunst der Dachschieferbearbeitung erlernen können.

Aus dem Mittel- und Oberdevon sind es ausschließlich die Kalk- und Dolomitgesteine, die als Naturstein vielfältig verwendet worden sind. Besonders die massigen bis dickbankigen Riffkalke wurden bevorzugt, da sich hieraus große Blöcke gewinnen ließen. Bekannte Bauwerke aus diesem Naturgestein sind die römische Wasserleitung von Nettersheim nach Köln und Varnenum, der ehemalige Tempelbezirk von Kornelimünster. Letzterer ist allerdings aus unterkarbonischem Kalkstein erbaut. Erbauer waren wahrscheinlich schon die Kelten.

Die mittel- und oberdevonischen Riffkalke lieferten aber nicht nur einen guten Baustein, sondern bilden auch den Rohstoff für die Kalk- und Zementindustrie in der Eifel. Es handelt sich bei diesen Sedimenten um sehr reine Kalksteine, die meist einen Calciumkarbonatgehalt von mehr als 98% aufweisen und sich deshalb ausgezeichnet verarbeiten lassen. In der Eifel sind an vielen Stellen dieser Kalkvorkom-

In den Kalköfen (hier in Nettersheim) wurde das Kalkbrennen als bäuerlicher Nebenerwerb betrieben.

men alte römische Brennöfen bekannt. Mehrere sind allein in der Sötenicher Mulde bei Inversheim freigelegt worden. Es handelt sich hier um ein großes römisches Kalkwerk, in dem das Militär den Branntkalk herstellen ließ. Der Arbeitsablauf war derzeit schon gut organisiert, wobei vom Schläger (Brennmaterialbeschaffung) über den Brecher (Rohsteingewinnung) bis zum Brenner am Ofen eine reibungslose Arbeitskette aufgebaut wurde. Die römischen Öfen arbeiteten für heutige Verhältnisse wegen des hohen Brennmaterialverbrauches unwirtschaftlich. Die starke Abholzung ganzer Gebiete in der Eifel war nicht unwesentlich auf diesen Brennstoffbedarf zurückzuführen. Der gebrannte Kalk wurde ungelöscht als Stückkalk in Fässern auf Karren und per Schiff transpor-

tiert. Die Erft z.B. wurde jenerzeit durch Stau für kleine Boote schiffbar gemacht. Aber nicht erst seit der Römerzeit verstand sich der Mensch auf das Kalkbrennen. In Mesopotamien wurde bereits um 2000 v. Chr. Kalk gebrannt, wie ein ausgegrabener Kalkofen beweist.

Bei Temperaturen von 1000-1400 °C wird der in der Natur gebrochene kohlensaure Kalk (Calciumkarbonat) im Kalkofen in gebrannten Kalk (Calciumoxid) übergeführt wobei Kohlendioxid-Gas entweicht. Man spricht bei diesem chemischen Vorgang auch von Entsäuerung des Kalkes. Als leistungsfähigster Kalkofen wurde der kontinuierlich brennende Trichterofen entwickelt, der wie ein Hochofen in der Eisenindustrie von oben mit den Ausgangsstoffen beschickt und vom Rost aus

In Pelm baut das Kalkwerk Akdolit devonische Kalke ab, die verschiedenste Verwendung finden.

angezündet wurde. Hauptabnehmer des Stückkalkes waren die chemische Industrie und die Hüttenindustrie an der Ruhr sowie die Landwirtschaft und die Bauindustrie. An der Baustelle wurde der gebrannte Kalk mit Wasser abgelöscht wobei unter Wärmeentwicklung gelöschter Kalk (Calciumhydroxid) entstand.

Anfang des 19. Jahrhunderts lieferten die Eifeler Kalkmulden das Ausgangsprodukt für einen bäuerlichen Nebenerwerb. Noch zwischen den beiden Weltkriegen wurde der örtliche Bedarf an Bau- und Düngekalk durch die kleinen Kalkbrennereien gedeckt. Die Kunst des Brennens wurde oft über Generationen in einer Familie weitergegeben. In früheren Zeiten bauten sich die Kalkbrenner ihre Öfen in geeigneter Hanglage selbst, so daß sowohl die Feuerung als auch die Oberkante der etwa

6 Meter hohen Öfen ebenerdig zugänglich waren. Die aus besonderen Lagen gewonnenen Kalkstücke wurden ebenso wie die zum Brand notwendigen großen Holzmengen mit Fuhrwerken herangeschafft. Eine Ofenfüllung benötigte etwa 30 Raummeter Fichtenholz und 450 Zentner Kalksteine. Drei Tage und zwei Nächte mußte der Kalkbrenner und seine Helfer »stochen«, d.h. die Feuerung unterhalten, bis dann die ca. 230 Zentner Stückkalk abgezogen werden konnten. In den 60er und 70er Jahren des 19. Jahrhunderts wurden die »bäuerlichen« Kalköfen unrentabel und deshalb stillgelegt.

Ein wichtiger und großer Betrieb befindet sich heute mit dem Kalk- und Zementwerk Wotan in Üxheim/Ahütte. Dieses Verbundwerk nutzt als Rohstoffe die Riffkalksteine aus dem Steinbruch »Rauhheck« zwischen

Einen eindrucksvollen Anblick mittelalterlicher Wehrarchitektur bieten die Manderscheider Burgen.

Im waldreichen unteren Elzbachtal liegt verborgen die vieltürmige Burg Eltz.

Kerpen und Berndorf und die mergeligen Kalksteine, die in unmittelbarer Werksnähe anstehen. Auch das Kalkwerk Akdolit in Pelm bei Gerolstein stellt ein für die Eifelregion bedeutendes Unternehmen dar. Pelmer Kalk findet Verwendung als Granulat in der Wasseraufbereitung, als Putzkalk (Zusatz im Mörtel), in der Rauchgasentschwefelung sowie als Dünger in der Landwirtschaft und im Forst zur Kalkung übersäuerter Waldböden.

Die im 11.-12. Jahrhundert entstandenen mehr als 140 Burgen in der Eifel sind überwiegend aus den Natursteinen der jeweiligen Region gebaut worden. Mit dem Bau der Eisenbahn in der 2. Hälfte des 19. Jahrhunderts wurden zahlreiche

Viadukte aus Naturstein errichtet und sind bis heute erhalten geblieben, obwohl die Bahnstrecken fast alle stillgelegt worden sind. Auch beim Talsperrenbau, der an der Wende 19./20. Jahrhundert im Zuge der Schaffung einer zentralen Wasserversorgung in der Eifel begann, ist vielfach Naturgestein verwendet worden.

Das Erdmittelalter kann in der Eifel ebenfalls mit beliebten Naturbausteinen aufwarten. Der Buntsandstein wurde in vielen kleinen Steinbrüchen, z.B. in der Umgebung von Ober- und Niederbettingen unweit Hillesheim, für den lokalen Baubedarf abgebaut. Neben Bausteinen wurden Fassadensteine, Bodenplatten, Brunneneinfassungen, Wegekreuze u.a. daraus

79

Unterhalb der Burg Pyrmont liegen malerisch die Mühle und der Wasserfall der Eltz.

Auf einem Bergsporn, der an zwei Seiten von der Kyll umflossen wird, erhebt sich eindrucksvoll Schloss Malberg.

Der wuchtige romanische Vierkant-Bergfried ist das Markenzeichen der Burg Kerpen unweit Hillesheim. Der bekannte Eifelmaler Fritz von Wille erwarb 1911 die Burgruine und ließ sie sich als Wohnsitz mit Atelier ausbauen.

hergestellt. Aber auch in anderen Eifelregionen fand dieses gut zu bearbeitende Naturprodukt vielseitige Verwendung. Die Verbandsgemeinde Manderscheid hat Ende des Jahres 1994 eine 38 Kilometer lange Buntsandstein-Wanderroute eröffnet. Damit wurde eigens die Bedeutung dieses Gesteins, das Landschaft und Architektur des Westeifelraumes in hohem Maße prägt, herausgestellt. Als eines der bedeutendsten Bauwerke dieser Region soll die Zisterzienserabtei Himmerod genannt werden, wo nicht nur die Kirche, sondern alle zugehörigen Gebäude und der Torbogen aus dem

roten Sandstein erbaut sind. Auf großen Schautafeln wird dem Besucher auch die Bedeutung der Buntsandsteinschichten als Wasserreservoir erläutert. Auf Grund der Wassermengen, die im Buntsandstein auf dem Gebiet der VG Manderscheid gespeichert sind, ist es sogar möglich, Wasser bis nach Zell an der Mosel zu liefern.

Auch das mittlere triasische Gestein, der Muschelkalk, wird abgebaut. Er findet Verwendung zur Uferbefestigung (Wasserbau-Pflaster) und als normaler Baustein. Der Luxemburger Sandstein (Lias) wird in größerem Umfang sowohl in der Westeifel als auch im benachbarten Luxemburger Land (Name) abgebaut und zu Split und Schotter für den Straßenbau weiterverarbeitet.

Die berühmte Zisterzienserabtei Himmerod im stillen Salmtal wurde im 12. Jahrhundert aus rotem Buntsandstein erbaut.

Aus den groben Schweißschlacken, dem »Krotzengestein«, wurden die Mühlsteine gehauen.

Wenngleich auch die Sedimentgesteine bautechnisch eine große Rolle spielen, den Gesteinen des tertiären und quartären Vulkanismus kommt hierin die überragende Bedeutung in der Eifel zu. Bereits seit der Jungsteinzeit wurde dieses Gesteinsmaterial, Basaltlava und Lavasand, Tuffstein, Bims und Trachyt, abgebaut und der verschiedensten Verwendung zugeführt.

Im Mayener Grubenfeld tritt die Lava des Bellerberg-Vulkans als idealer Werkstoff besonders hervor, da sie durch viele eingeschlossene Gasblasen porös ist. Sie läßt sich deshalb gut behauen, ist aber trotzdem gegen Verwitterung sehr widerstandsfähig. Die Abbaumethoden blieben von der Römerzeit bis gegen Ausgang des 19. Jahrhunderts gleich, erst Preßluftbohrer und elekrische Kräne brachten wesentliche Änderungen. Die feinporige Basaltlava begünstigte auch die Bildhauertätigkeit. Hunderte sehr alter Wegekreuze in der Osteifel zeugen von dieser Steinmetzkunst. Mühlsteine bildeten bis vor wenigen Jahrzehnten die wichtigsten Produkte. In Andernach wurden sie auf Schiffe verladen und weit exportiert. Der kräftige alte Kran steht dort noch am Rheinufer. Einzig schöner Säulenbasalt wurde noch bis zu Beginn der 70er Jahre bei Hoffeld abgebaut, dann war dieses Vorkommen gänzlich erschöpft. Heute hat sich durch austretendes Quellwasser am Grunde der einstigen Natursteinkuppe ein Gewässer gebildet, das von einem Angelsportverein genutzt wird. Seit dem zweiten Weltkrieg haben Stahl und Beton den Basaltstein in vielen Aufgaben verdrängt, die alten

Im Eifelraum gibt es zahlreiche Wegekreuze mit unterschiedlichster Bedeutung: Andachtskreuze, Kreuze wegen eines Gelübdes, Unfallkreuze und andere.

Basaltbrüche liegen heute verlassen. An der Straße zwischen Mayen und Ettringen finden sich einige dieser ehemaligen Steinbrüche. Sie geben eindrucksvoll Aufschluß über frühere Basaltabbaumethoden. Alte Gerätschaften, wie Hebezüge mit ihren verbretterten Führerkabinen, verbreiten die morbide Atmosphäre verfallener Industriegebiete, die nun von der Natur zurückerobert werden. Basalt wird aber als begehrter Naturstein heute noch in vielen Betrieben der Osteifel zu Bodenplatten, Treppenstufen, Fensterbänken, Grabplatten u.a. verarbeitet.

In der West- und Osteifel wird nach wie vor in großen Mengen Lavasand (Lapilli)

Die einst prächtig ausgebildeten Basaltsäulen bei Hoffeld sind restlos abgebaut worden; übrig blieb ein tiefes Loch, das sich mit Wasser füllte.

Die gelblichen Selbergittuffe werden heute noch im Gebiet von Ettringen in großen Quadern abgebaut. Sie sind als Bau- oder Werksteine sehr beliebt.

abgebaut, der wegen seiner Wasserdurchlässigkeit bei Drainagen sowie beim Wege- und Straßenbau sehr beliebt ist.

Bei Roderhöfe (Roddenhöfe) zwischen Ettringen und Bell sowie nordwestlich davon bei Weibern wird in den letzten Jahren wieder verstärkt Tuffstein abgebaut. Aus den einst mächtigen weißen Bimsablagerungen sind bei länger anhaltendem Kontakt mit dem Grundwasser gelbe Minerale (Analcin, Phillipsit, Chabasit) entstanden, durch die das früher lockere Gemenge von Bims und feinen Aschen zu einem noch leichten, aber kompakten und damit leicht bearbeitbaren Gestein verfestigt wurde. Die gelblichen Selbergittuffe sind in bergfeuchtem Zustand leicht zu bearbeiten und deshalb seit langer Zeit als Bau- und Werkstein sehr geschätzt. Besonders das feine Maßwerk gotischer Kirchen

wurde früher aus diesen Tuffen hergestellt. Bei Bell wurden daraus Backofenplatten gefertigt (»Beller Backofenstein«). Heute werden diese Tuffe wegen ihrer hydraulischen Eigenschaften als Zusatz für schnell abbindenden Zement verwendet. Der Selbergittuff bestimmt die Ortsbilder so mancher Eifelgemeinden wie etwa Weibern, Rieden oder Bell. Weitere Förderprodukte des Eifelvulkanismus, die sich als hervorragende Baustoffe bewährt haben, sind der weiße Bims und der Trass. Ersterer, entstanden aus lockeren Auswurfmassen des Laacher See-Vulkans, bildet die Grundlage der Schwemmstein-Industrie des Neuwieder Beckens. Die Schwemmsteine sind dank ihrer Größe und Leichtigkeit schnell zu verarbeiten. In den Jahren stärkster Bautätigkeit nach dem Kriege sind große Mengen dieser Steine per Bahn,

LKW und Schiff über ganz Westdeutschland verbreitet worden. Zeitweise kamen 40% der in der Bundesrepublik hergestellten Bausteine aus dem Neuwieder Becken. Im Becken selbst sind die Vorräte heute fast erschöpft, der Abbau nähert sich nun den Ausbruchszentren, sehr zum Leidwesen der Naturschützer.

Der Trass ist als gut zu bearbeitender Werkstein schon von den Römern geschätzt worden. Sie bauten ihn im Brohltal und zwischen den Ortschaften Kretz und Kruft ab, wo sie ihn wegen der Überlagerung durch Bims im Tiefbau gewinnen mußten. Die hydraulischen Eigenschaften des Trass, d.h. seine Fähigkeit, einen unter Wasser erhärtenden Mörtel zu bilden, wurde von den Holländern zuerst erkannt. Sie verwendeten Brohltal-Trass schon im 16. Jahrhundert bei Hafenbauten sowie beim Deichbau. Bis auf verunreinigte Partien ist der Trass im Brohltal heute vollkommen abgebaut. Der Nettetal-Trass wird allerdings bei Kruft noch gewonnen und als Zusatz für Zement verwendet.

Die abklingende Vulkantätigkeit macht sich noch heute durch das Aufsteigen von Kohlendioxidgas bemerkbar. Die Menge des in der Eifel jährlich zutagetretenden Kohlendioxids wird auf 0,5-1,0 Millionen Tonnen geschätzt. Am Ostufer des Laacher Sees, nördlich des Schlackenkegels der alten Burg, treten in Ufernähe große Mengen dieses Gases aus dem Wasser aus (Mofetten). Wo das Kohlendioxid die Grund-

wasserbereiche erreicht, wird es mehr oder weniger vollständig gelöst. Ein ganz geringer Teil verbindet sich auch mit dem Wasser zu Kohlensäure. Kohlensäureaustritte sind an Quellen gebunden, die meist in Tälern liegen. Man spricht hier von Säuerlingen. Da Kohlensäure Mineralsalze zu lösen vermag, finden sich in den meisten Säuerlingen Natrium-, Calcium- und Magnesium- sowie Karbonat- und Hydrogen-

Am Ostufer des Laacher Sees lässt sich aufsteigendes Kohlendioxidgas beobachten. Im Bereich dieser Mofetten friert im Winter der See nicht zu.

Unweit des Dorfes, im Wald gelegen, hat die Eifelgemeinde Darscheid bei Daun ihre Mineral-quelle hübsch gefasst.

Der im Ahbachtal gelegene Dreiser Weiher ist eines der größten Eifelmaare. Das heutige Trocken-maar wird landwirtschaftlich genutzt.

karbonat-Ionen. Diese Mineralquellen werden kommerziell genutzt. Wohl kaum jemandem sind Sprudelnamen wie z.B. Gerolsteiner, Dauner, Dreiser, Tönnissteiner oder Apollinaris unbekannt. Das Städtchen Gerolstein ist hier besonders hervorzuheben. Durch sein Mineralwasser, das in alten Förderanlagen am linken Kyllufer sowie in einem neuen Großbetrieb gewonnen wird, ist es im letzten Jahrhundert weltbekannt geworden. Mit einer gigantischen Zahl von Abfüllungen, die im Jahre 1995 eine neue Rekordhöhe erreichte, überrundete der Ort alle anderen deutschen Brunnenstädte. Auf dem jährlich im September stattfindenden »Gerolsteiner Sprudelfest« kann der Besucher dem mineralreichen erfrischenden Getränk nach Lust und Laune zusprechen. Manche Quellen sind

Bei Mechernich-Breitenbenden ist ein Stück der römischen Eifelwasserleitung freigelegt worden. Bei diesem Aufschluss lässt sich noch deutlich die angewandte Bautechnik erkennen.

schon seit der Römerzeit genutzt worden und bilden heute die Grundlage berühmter Kurorte. Die Mineralquelle des Eifelstädtchens Bad Bertrich ist nicht nur mit 32,9° C die wärmste Quelle der Westeifel, sondern unterscheidet sich auch durch ihren Sulfatgehalt von den anderen Mineralquellen. Die in Deutschland einzigartige Glaubersalztherme enthält zudem eine Reihe anderer Mineralsalze. Viele Patienten wissen ihre Heilwirkung u.a. bei. Stoffwechselerkrankungen zu schätzen. Was das so wichtige Trinkwasser anbetrifft, so sind seine natürlichen Vorkommen eng an die geologischen Gegebenheiten geknüpft. Zu den Gesteinen mit guten Eigenschaf-

87

Eine Aquäduktbrücke der römischen Wasserleitung überquerte bei Mechernich-Vussem ein Seitental des Feybachtales.

wasser mit Hilfe von Talsperren gewonnen wird (z.B. Rur-, Olef- und Urfttalsperre). Das älteste bekannte Beispiel für die Wassergewinnung in der Eifel ist die bereits erwähnte römische Wasserleitung von Nettersheim nach Köln. Diese 95,4 Kilometer lange Wasserleitung gehörte zu den längsten Fernwasserleitungen des römischen Reiches. Sie war eine Spitzenleistung römischer Ingenieurkunst und versorgte das römische Köln vom 1. bis zum 3. Jahrhundert mit qualitativ gutem Wasser aus der Eifel. Ihre Tagesleistung betrug bis zu 20000 Kubikmeter. Das Wasser tritt aus mitteldevonischem Dolomit aus und wird in der sogenannten Römerquelle im Urfttal nördlich Nettersheim gefaßt. Die Wasserleitung nach Köln, auch »Römerkanal« genannt, ist überwiegend in Naturstein (Sandstein, Kalkstein, Dolomite) gearbeitet und hat einen Querschnitt von 80 x 50 cm, wobei der obere Teil immer in Gewölbeform ausgeführt ist. Rund 190 Jahre war diese römische Wasserleitung in Betrieb. Dann hatte eine der größten Einrichtungen städtischer Infrastruktur nördlich der Alpen ausgedient. Bei dem fränkischen Großan-

ten als Grundwasserspeicher gehören die Karbonatgesteine, bei denen durch Verwitterungsvorgänge oft mehr oder weniger große Hohlräume entstehen. Weniger gut wasserdurchlässig sind Sandsteine und Tonschiefer, so daß in den Gebieten der Eifel, wo diese dem Erdaltertum zugehörigen Gesteine anstehen, Oberflächengriff auf das römische Rheinland in der 2. Hälfte des 3. Jahrhunderts ist auch die Eifelwasserleitung zerstört worden. In der Spätantike wurde diese grandiose Versorgungseinrichtung von Römern nicht wieder in Betrieb genommen und so dem Verfall preisgegeben. Zu einem Kollaps auf Zeit wäre es ohnehin gekommen. Ein chemischer Vorgang, wie man ihn im Haushalt bei der Nutzung kalkhaltigen Wassers kennt, hätte zunächst zur Reduktion und später zum völligen Versiegen der Wasserleitung führen müssen, nämlich die sogenannte Verkalkung. Das versickernde Niederschlagswasser nimmt das durch mikrobiellen Abbau organischer Stoffe entstehende Kohlendioxid auf. Dabei entsteht Kohlensäure, welche Kalkgestein zu lösen vermag (s. S. 46). Wenn jetzt das so kalkgesättigte Grundwasser in einer Quelle wieder zutage tritt, fällt ein gewisser Anteil Kalk wieder aus dem Wasser als Kalksinter (kohlensaurer Kalk) aus. Natürliche Kalksinterbildungen von mächtigem Ausmaß finden sich beispielsweise in Pammukale in der Türkei. Die Kalksinterablagerungen in der römischen Eifelwasserleitung wuchsen bis zu einer Stärke von 30 Zentimeter an. Dieser sogenannte Aquädukt-Marmor wurde im Mittelalter ein Exportschlager. Wegen seiner mannigfaltigen Farbigkeit gelangte er als Schmuckstein zu großer Beliebtheit, so daß er nicht nur in Kirchen und Burgen der Nordeifel zu Säulen und Altarplatten verarbeitet wurde. Dieses originelle Material findet sich u.a. auch in der Wartburg in Thüringen, in den Kathedralen von Canterbury (England) und Roskilde (Dänemark), in vielen Kirchen der Niederlande sowie in der kleinen Heiligkreuz-Kirche von Dalby in Schweden. Etwa 15 Kilometer westlich der Kreisstadt Wittlich wird zwischen den Ortschaften

Speicher, Herforst und Binsfeld seit langer Zeit ein hellgrauer bis weißer Ton abgebaut, der geologisch dem Mitteleozän (Tertiär) angehört. Schon zur Römerzeit wurden diese Tone bei Speicher gewonnen, und römische Töpfereien und Ziegeleien sind im Speicherer Wald ausgegraben worden. Im vorigen Jahrhundert erhielt die sogenannte »Krugbäckerei« besonderen Auftrieb. Da der Speicherer Ton zu fett ist, wurde er mit dem von Binsfeld gemagert. Die Tonware wurde im ganzen Rheinland, aber auch in Holland, Belgien, Frankreich und sogar Spanien durch fahrende Speicherer Händler verbreitet. In geringerem Umfang wird Töpferei und keramische Industrie auch heute noch im Raum Speicher - Binsfeld betrieben. Erdgeschichtlich etwas jünger sind die Kies- und weißen Sand-Vorkommen in dem Gebiet zwischen Trier, Manderscheid und Cochem. Es handelt sich um Ablagerungen alter Flußläufe. Im Raum Arenrath-Niederkail wird dieses Material geschürft. Die weißen Kiese werden sortiert, gewaschen und gelangen dann in den Handel. Wie die Kalkgewinnung so ist auch der Erzbergbau (Blei, Zink, Eisen) an die Schichten des Erdaltertums gebunden. Der Eisenerzbergbau und die Verhüttung in der Eifel sind schon sehr alt und lassen sich bis in die ausgehende Steinzeit zurückverfolgen, als der Mensch versuchte, das Eisen zur Herstellung von Werkzeugen und Waffen zu benutzen. Die 1928 gefundene Eisenschmelze von Hillesheim, die im Zusammenhang mit der Freilegung eines Fürstengrabes aus der Hallstatt-Zeit entdeckt wurde, weist auf das 7. vorchristliche Jahrhundert hin. Verarbeitet wurde hier der Roteisenstein der näheren Umgebung.

Die Region um Speicher ist durch ihre Töpferwaren weit über die Grenzen der Eifel bekannt geworden.

Die Kelten als altes und erfahrenes Bergvolk kannten bereits die später in größerem Umfang abgebauten Erzvorkommen. So waren ihnen die speziellen Bodenverhältnisse über den Lagerstätten bekannt. Sie kannten auch bereits Schwermetall anzeigende Pflanzen und zogen daraus ihre Schlüsse auf die im Untergrund vorhandenen Erze.

Galmei, wahrscheinlich ein Sammelname für verschiedene Zinkerze, ist ein Haupterzeugnis des römischen Erzbergbaus. Die Eisenschmelzen von Blankenheim, Dollendorf, Speicher, Bengel, Jünkerath und weiteren Vorkommen in der gesamten Eifel weisen aber auch auf die Bedeutung der römischen Eisenerzgewinnung und Weiterverarbeitung hin. Die Bleierzlagerstätten von Rescheid und Bleialf waren ebenfalls bereits zu römischer Zeit bekannt. Das

lässt sich durch uralte Halden beweisen, die gelegentlich angeschnitten werden. Zudem wurden im Bereich dieser beiden Orte oberflächennahe Stollen gefunden, die nach ihren Dimensionen und dem typischen Ausbau ohne Zweifel in jene Zeit einzuordnen sind.

Im Mittelalter wurden die alten keltisch-römischen Abbaugebiete erneut benutzt und weiter ausgebeutet. Dabei wurde der Eisenerzbergbau stärker in Kleinbergwerke aufgesplittert als das bei der Blei- und Zinkerzgewinnung der Fall war. Der früheste schriftliche Hinweis auf die Eisenerzförderung im Bitburger Land reicht in das Jahr 1130 zurück. Weitere Hinweise auf das frühe Mittelalter finden sich bei Kloster Steinfeld, Gressenich, Nideggen sowie in der Umgebung des Klosters Himmerod im Salmtal. Das Erz wurde meist im Tagebau oder in einfachen Schächten gewonnen. In offenen Erdgruben, den sogenannten Rennherden, oder in niederen Schachtöfen (Stücköfen) wurden die Erze geröstet und zusammengebacken. Es entstanden lose zusammenhängende Metallklumpen, die sog. Luppen. Durch wiederholtes Schmelzen in kleinen primitiven Herden versuchte man nun, aus dem spröden Roheisen ein zäheres Metall zu gewinnen.

Seit dem 14. Jahrhundert verlegte man die Eisenhütten von den Höhen und Berghängen mehr und mehr in die Flußtäler. Die Wasserkraft der Flüsse und Bäche wurde sowohl zum Schmieden als auch zum Schneiden der Metalle genutzt. Ende des Mittelalters sowie von Mitte des 18. bis Mitte des 19. Jahrhunderts war der Eisenbergbau in der gesamten Eifel von erheblicher Bedeutung. Für das 16. Jahrhundert schätzt man die Zahl der Eisenerzgruben auf 500.

Zwei Arten von Eisenstein wurden im Eifelraum gefördert: Braun- und Roteisenerz. Der wertvollere, da eisenhaltigere Brauneisenstein ließ sich beim Schmelzvorgang günstig beeinflussen, wenn man ihm Roteisenstein beimengte. Brauneisenstein wur-

de vor allem in den Eifeler Kalkmulden gewonnen. Er lagerte in sog. Erznestern, welche in taschenförmigen Karsthohlformen der devonischen Kalk- und Dolomitgesteine steckten. Diese Nester waren kalk- und manganhaltig (braune Farbe!), sonst aber frei von schädlichen Beimengungen.

Weithin sichtbar ragen die Türme des Klosters Steinfeld über die gewellte Hochebene. Heute ist es eine der bedeutendsten Kunststätten der Nordeifel.

Bis Ende des 19. Jahrhunderts wurde im Bolsdorfer Wald, unweit Hillesheim, in einfachen Stollen mit primitivsten Mitteln Eisenerz abgebaut.

Hart war die Arbeit der Bergleute in den Erzgruben. In den Reifenschächten lösten sie den Eisenstein und schleppten ihn dann auf Häuten, in Körben oder Trögen an die Oberfläche. Zumindest seit dem 16. Jahrhundert setzten die Bergleute auch Seile und Winden ein, um das Erz ans Tageslicht zu befördern. Auch Frauen und Kinder waren bei der Erzgewinnung und beim Transport eingesetzt. Für nur wenige Pfennige Stundenlohn waren schließlich zahlreiche Personen damit beschäftigt, die Erzbrocken zu zerkleinern und auszuwaschen. Fuhrleute brachten das Erz dann zu den Hochöfen.

Eisenerz wurde aber auch von Bauern im Nebenerwerb gewonnen. In den Jahren 1840-1869 wurde in den Herbst- und Wintermonaten noch jeden Tag für einige Stunden zum Berg gegangen. Die Bergung der Erznester geschah auf einfachste Weise, indem drei bis vier Arbeitskräfte einer Familie, der das Recht der Eisenerzgewinnung zustand, einen Schacht gruben. Über dem Schacht wurde eine hölzerne Haspel gedreht. Wenn das Erz in unterschiedlicher Tiefe erreicht war, wurden kleine Seitenstollen getrieben. Wegen der mangelhaften Abstützung war die Ausbeutung oft mit Einsturzgefahr verbunden, und der Schacht mußte verlassen werden. An anderer Stelle wurde dann wieder ein neuer Schacht angefangen. Im Bolsdorfer Wald bei Hillesheim lassen sich heute noch alte Mauerreste einstiger Stollen sowie zahlreiche Schürfstellen anhand von Bodenvertiefungen erkennen.

Die Firma Poensgen, ein bekanntes Unternehmen in der Eisenbranche im Eifelraum, warb noch Mitte des 19. Jahrhunderts für ihre Eisenprodukte mit dem Hinweis, sie verkaufe Holzkohleneisen.

Dieses Metall hatte gegenüber den mit Steinkohle und Koks gewonnenen Produkten gewisse Vorzüge. Es ließ sich beispielsweise leichter bearbeiten und war in seiner Qualität dem schwedischen Eisen verwandt. Eine Zeit lang konnte dieses Produkt sogar billiges Importeisen aus England vom Markt verdrängen. Bei der Gründung von Gewehr- und Waffenfabriken im Nachbarland Belgien, insbesondere im Raum Lüttich, spielte Eifeler Eisen eine beachtliche Rolle. Schon seit frühester Zeit bedienten sich die Eifeler Hüttenwerke der heimischen Holzkohle, die wie es zunächst schien, in hinreichender Menge zur Verfügung stand. Vor allem Rot- und Hainbuchen wurden im Wald auf freien Plätzen in den Meilern, den sog. Kohlhaufen, für die Hochöfen vorbereitet. Die im 15. und vornehmlich im 16. Jahrhundert aufblühende Eisenindustrie der Eifel führte zunächst zu einem unkontrollierten und unbedachten Raubbau an dem noch in reichlichem Maße vorhandenen Wald. Aber schon im 16. Jahrhundert meldeten sich die ersten kritischen Stimmen. Graf Dietrich von Manderscheid stellte schon 1528 mit Bedauern fest, daß der Wald Hausten in der Nähe von Schleiden völlig ausgehauen sei. Förster beklagten 1535 Waldschäden bei Gerolstein und 1566 Waldverwüstungen bei Pelm. Der Grund hierfür war immer derselbe, Raubbau durch die Hüttenbesitzer der Eifel. Im Jahre 1584 war es wieder Graf Dietrich, der in bewegten Worten Klage über die Zustände in den Eifelwäldern führte. Selbst noch junge Bäume wurden nach seinen Worten von Köhlern abgeholzt, ja man schreckte nicht einmal davor zurück, hin und wieder gute Obstbäume oder gar Holzzäune

zu Kohle zu verarbeiten. Der Graf forderte alle Untertanen auf, Bäume anzupflanzen und zu pflegen. In ähnlicher Weise bemühte sich um 1600 Fürst Karl von Arenberg. Er verbot das Schlagen von Eichen und Buchen ohne eine besondere Genehmigung. Jeder Hausstand war verpflichtet, jährlich im Gemeindewald zehn Eichen zu pflanzen. Die zahlreichen Waldordnungen des 18. Jahrhunderts sind Zeugnisse dafür, daß man nun endlich auch auf seiten der Landesherren etwas unternehmen wollte, um den Schäden an den Waldbeständen entgegenzuwirken. Den Förstern wurde besonders ans Herz gelegt, sich um die Aufsicht über die Köhler zu kümmern. Diese durften fortan nur noch bezeichnete Bäume abschlagen. Trotz zahlreicher solcher Verordnungen verbesserten sich die Zustände keineswegs, und am Ende des 18. Jahrhunderts stand es sehr schlecht um die Eifelwälder.

Holzkohlemangel und enorme Holzkohleverteuerung haben Mitte des vergangenen Jahrhunderts ihren Teil dazu beigetragen, daß die Eifeler Eisenindustrie mehr und mehr zum Erliegen kam. Die Einfuhr von großen Mengen Erz aus nassauischen und luxemburger Regionen sorgten zudem dafür, daß es gegen Ende des 19. Jahrhunderts mit der Eifeler Eisenerzförderung und -verhüttung bergab ging. Als die Firma Poensgen ihre Roheisenerzeugung in den Düsseldorfer Raum verlegte, läutete sie das endgültige Aus der Eifeler Montanindustrie ein. 1896 erlosch der letzte Eifel-Hochofen in Jünkerath.

Das alte Bergmannstädtchen Bleialf in der Nordwesteifel ist direkt über einem Erzgang erbaut. Seine Entstehung geht auf die Auffaltung des Variskischen Gebirges vor ca. 300 Millionen Jahren zurück. Durch diesen Vorgang brachen die weichen

Die mittelalterliche Abteikirche in Prüm mit ihrer breit angelegten Fassade, geschweiftem Giebel und haubengekrönten Türmchen beherrscht den Marktplatz und das Ortsbild des Eifelstädtchens.

Bleierz begehrten Bleiglanz. Der abbauwürdige Erzgang ist etwa 10 bis 50 Zentimeter mächtig und läßt sich über rund fünf Kilometer in nord-südlicher Richtung verfolgen. Der Bleibergbau reicht, wie schon erwähnt, bis in die Römerzeit zurück, als das Blei zum Bau von Wasserleitungen, zum Vergießen von Mauerfugen und zur Feuchtigkeitsisolierung von Grundmauern verwendet wurde. Die alten Halden sind heute Treffpunkt der Mineraliensammler. Der Berthaschacht war im 19. Jahrhundert mit 320 Metern Tiefe der größte im ganzen Bleialfer Erzrevier. Über diesem Schacht stand zeitweise die größte mit Dampf betriebene Wasserpumpe Europas. 1894 wurde der Bergbau hier eingestellt. Der Bleiglanz (Bleisulfid), das wichtigste und häufigste in der Natur vorkommende Bleierz, wurde von den Bergleuten noch mit der Hand vom Muttergestein getrennt, wobei verständlicherweise noch viel Erz in den feinen Gesteinsadern zurückblieb. In den Jahren 1935 bis 1939 wurden die erzhal-

Schiefergesteine, und in den Klüften stiegen mineralhaltige Lösungen auf. Durch den ungeheuren Druck und die hohen Temperaturen enthielten diese Lösungen auch solche Salze, die sonst als wasserunlöslich bekannt sind, vor allem den als

94

tigen Halden deshalb noch einmal mit einer gründlicheren Methode aufgearbeitet, wobei das zermahlene Gestein mit Öl vermischt und dann aufgeschäumt wurde. So konnten die Erzteilchen besser vom Muttergestein abgetrennt werden.

In den fünfziger Jahren hat man durch Probeschächte und Quertriebe den Erzgang weiter untersucht und so feststellen können, daß noch viel Blei im Berg verborgen ist. Wenn die Weltmarktpreise für dieses Metall wieder anziehen sollten, würde der Bleialfer Erzbergbau eines Tages eventuell wieder lohnend.

Wenn die Schürfarbeiten keinen entsprechenden Profit mehr abwerfen, wird es still in der Lava-grube, und Pflanzen und Tiere halten wieder Einzug.

Biotope aus zweiter Hand
– Aufgelassene Steinbrüche, Lava- und Kiesgruben –

Wie in dem Kapitel zur Anthropogeologie bereits aufgezeigt, zeichnet sich die Eifel im Vergleich zu den anderen Teillandschaften des Rheinischen Schiefergebirges durch die Vielfalt ihrer nutzbaren Gesteine aus. Der Mensch wusste diese Naturgegebenheiten schon früh zu schätzen, so dass bereits seit Jahrhunderten Bergbau in der Eifel nachzuweisen ist. Waren diese Eingriffe in die Erdoberfläche bis zu Beginn des 20. Jahrhunderts noch nicht so gravierend, so nahmen sie nach dem zweiten Weltkrieg im Zusammenhang mit der jetzt verstärkt einsetzenden Baukonjunktur doch oft verheerende Ausmaße an. Mit Bulldozern, Baggern und anderem schweren Gerät begann eine Vielzahl von Bau-Steine-Erden-Betrieben, die den verschiedenen Epochen der Erdgeschichte angehörigen Fest- und Lockergesteine abzubauen. Die Löcher in der Landschaft wurden von Jahr zu Jahr größer, ganze Gegenden wurden verunstaltet, das alte Landschaftsbild wurde zusehends verändert. Trotz der Warnungen der Naturschützer rissen die großflächigen Tagebauanlagen immer neue hässliche Wunden in die Erde. Die wirtschaftlichen Aspekte hatten Vorrang, Arbeitsplätze mussten geschaffen und erhalten werden. So kam es dann, dass durch die immer stärker werdende Nachfrage nach Baumaterial ganze Basalt- und

Abbau in Waxweiler: Die Klerfer Schichten, in einem Flachmeer zur Devonzeit abgelagert, bestehen aus härteren rötlichen Sandsteinen sowie weicheren bläulichen Sedimenten.

Der Vulkanaufschluss bei Ochtendung lässt im oberen Bereich ein Band hellerer Auswurfmassen erkennen.

Lavakuppen verschwanden. Die Landschaft wurde zusehends ärmer an Oberflächenformen und Blickpunkten, an denen das Auge sich orientieren und erfreuen konnte. Der Abbau der verschiedensten Gesteinsmaterialien führte aber nicht nur zu einer Veränderung charakteristischer Reliefformen in der Landschaft, sondern brachte der Anwohnerschaft auch Lärm und Gestank, der intensive Schwerverkehr wurde oft zu einer Jahre dauernden Belästigung. Die Landschaftszerstörung brachte zudem verschiedene andere Nachteile mit sich. So wurde allzu häufig der Wasserhaushalt beeinträchtigt, das Kleinklima verändert. Gruben in der Erde verlockten zur unerlaubten Abfallbeseitigung, so dass Boden und Grundwasser verunreinigt wurden. Das führte zur Vernichtung der für das gesamte Kreislaufgeschehen (Recycling) so

wichtigen Mikroorganismen. Weiterhin kam es zur Zerstörung bestehender Biotope mit ihren Lebensgemeinschaften.

Aus der Sicht des Natur- und Landschaftsschutzes ist es äußerst bedauerlich, dass durch die Bau-Steine-Erden-Branche so mancher Vulkanberg im Eifelraum verschwand und somit als geologische und landschaftstypische Besonderheit nicht mehr zu ersetzen ist. Andererseits wurde es durch diese bergbaulichen Eingriffe erst möglich, recht tiefgründige Einblicke in den inneren Aufbau der Eifelvulkane oder in Lagerungsverhältnisse von Sedimentgesteinen zu gewinnen. Anhand der äußeren Form einer solchen Vulkankuppe hätte der Fachgeologe wohl kaum etwas zu deren Struktur sagen können. Erst die Aufschlüsse von Menschenhand machten ihm dieses möglich. So war er jetzt auch in der

98

Lage, eine vergleichende geologisch-morphologische Betrachtung der Eifelvulkane mit denen aus anderen Regionen unserer Erde durchzuführen. Der bloße Naturfreund und Laie unter den Eifelbesuchern wird ergriffen sein von den verschiedenen Farbmustern und der unterschiedlichen Mächtigkeit der vulkanischen Schichten. Die Farben der Auswurfmassen variieren von tiefstem Schwarz bis zu gelblich-weißen Tönen. Ebenso ist die Korngröße der Lockermaterialien oft sehr unterschiedlich. Feinkörnige Schichten können sich weiterhin mit solchen abwechseln, die grobkörniges Material eingeschlossen haben, das aus größeren Erdtiefen stammt. Durch diese tiefen Wunden, die der Bergbau in die Flanken vieler Eifelvulkane geschlagen hat, ließ sich auch die zeitliche Abfolge der einzelnen Förderphasen vulkanischer Lockermaterialien und Basaltmassen nachvollziehen.

Wenn eines Tages die gesuchten Bodenschätze ausgebeutet sind, tut sich die Frage auf, was mit den verbliebenen Löchern in der Landschaft geschehen soll.

Bei der Folgenutzung dieser meist hässlichen Kraterlandschaften prallen oft verschiedene Interessen und Sachzwänge aufeinander. Da ist der Angelsportverein, der sich um den Ausbau des Baggerweihers zu einem Fischgewässer bewirbt.

Bei den Abbauarbeiten kamen oft die farblich unterschiedlichen Ausbruchsphasen des Vulkans zum Vorschein.

99

Viele Vulkane der Westeifelregion förderten in der quartären Ausbruchsphase nur Lockermaterial.

Eine andere Interessengruppe wünscht, dass das Gelände zum Bade- und Naherholungsgebiet ausgestaltet wird. Wieder andere Teile der Öffentlichkeit verlangen die Wiederherstellung des ursprünglichen Landschaftsbildes, z. B. des Waldes. Während amtliche Stellen darauf drängen, dass zum Schutz des Grundwassers die Grube aufgefüllt wird oder als Deponie für unverrottbare Abfälle dient, drängt der Grundbesitzer auf Rekultivierung und anschließende land- oder forstwirtschaftliche Nutzung des Areals. Letztlich ist da noch die Gruppe der Natur- und Landschaftsschützer, die die durch den Bergbau in der Eifellandschaft hinterlassenen Löcher einer ganz anderen weiteren Nutzung zuführen möchte (Renaturisierung). Die Reste eines Steinbruchs oder einer Lavagrube zeigen oft wie im Lehrbuch die einzelnen Gesteinshorizonte und Schichtfolgen, die gerade für die erdgeschichtliche Entwicklung dieser Region so typisch sind. Durch den künstlichen Aufschluss wurden aber auch bestimmte Fossillagerstätten und Mineralien freigelegt, die man sonst der entsprechenden Gesteinsart wohl kaum hätte zuordnen können. Nicht nur Geologiestudenten, sondern auch Laien finden hier somit bedeutungsvolle Forschungs- und Demonstrationsobjekte. Der Biologe und Naturschützer plädiert aus einem für ihn noch wichtigeren Grund gegen eine Verfüllung und Rekultivierung von aufgelassenen Steinbrüchen, Lava-, Kies- und Tongruben. Schon bald nach ihrer Stillegung entwickeln sie sich zu hochwertigen Lebensräumen aus zweiter Hand. Sie stellen bedeutsame Biotopinseln inmitten unserer intensiv genutzten, biologisch verarmten Zivilisationslandschaft dar. Die Breite der ökologischen Faktoren solcher Ersatzstandorte reicht von Trockenbiotopen bis zu wechselfeuchten Uferzonen und Tümpeln. Diese so entstandenen neuen Lebensräume sind wieder in eine Vielzahl von Kleinstbiotopen oder ökologischen Nischen aufgegliedert. Da sich die pflanzliche und tierische Vielfalt eines Biotops nach dem Angebot der verschiedenen Umweltfaktoren richtet, ist es nicht verwunderlich, dass hier eine beachtliche Artenfülle zu verzeichnen ist. So sind erfreulicherweise bei der Wiederbesiedlung solcher devastierter Lebensräume innerhalb der Pflanzen- und Tiergesellschaften auch solche Vertreter zu finden, die auf der Roten Liste der in ihrem Bestand gefährdeten oder sogar vom Aussterben bedrohten Arten ste-

hen. Bei den Pflanzen kommt es vor allem auf die Boden- und Klimaverhältnisse an. Da in aufgelassenen Steinbrüchen, Lava- und Kiesgruben durch den Menschen normalerweise kein Nährstoffeintrag erfolgt, haben wir es hier mit nährstoffarmen mageren Rohböden zu tun, die in unserer bewirtschafteten Agrarlandschaft heute nur noch selten anzutreffen sind. Hier finden sich Vertreter der Magerrasenvegetation ein, für die geringste Düngergaben schon tödlich sein können. Auf den nackten Rohböden siedeln sich alsbald Pioniere des Pflanzenreichs an. Zu diesen Ödland- oder Ruderalpflanzen zählen der gelbe Mauerpfeffer, der violettblaue Natternkopf, die blaßgelbe Nachtkerze, ferner Lanzettblättrige Kratzdistel, Tüpfeljohanniskraut und Schmalblättriges Weidenröschen. In Arealen mit geringem Humusgehalt finden

Die alte Tongrube lieferte viele Jahre das Ausgangsmaterial für die bekannten Wittlicher Ziegelsteine. Heute hat sich das wassergefüllte Schürfloch zu einem eindrucksvollen Biotop im Stadtbereich der Kreisstadt entwickelt.

sich solche Pflanzen der Sukzessionsgesellschaft ein, die sonst in ungedüngten Trockenwiesen gedeihen. Vielfach sind es Arten, die in intensiv genutzten Fettwiesen nicht konkurrenzfähig und deshalb schon recht selten geworden sind. Beispiele dafür sind Feld-Thymian, Golddistel, Wundklee, Rundblättrige Glockenblume und mehrere geschützte Orchideenarten. Sogar manche Ackerwildkräuter, landläufig oft als Unkraut bezeichnet und von der Landwirtschaft durch verschiedene Maßnahmen aus der Feldflur verbannt, haben in diesen Ersatzbiotopen einen unbehelligten Lebensraum gefunden. Hier sind Arten wie Ackerrittersporn, Frauenspiegel, Kornrade und Klatschmohn zu nennen.

Für Tiere kommen als Umweltbedingungen die Ernährungsmöglichkeiten, Verstecke und Nistgelegenheiten in Betracht, die in ausreichendem Maße gegeben sein müssen.

Am Beispiel der Kiesgrube sollen die verschiedensten Kleinbiotope, die dicht nebeneinander liegen, sowie ihre möglichen Bewohner erläutert werden. Im günstigsten Fall kann ein solches Tagebauareal unterschiedliche Gewässer aufweisen: tiefe Baggerseen, bewachsene Weiher, seichte Tümpel, wassergefüllte Radspuren und kleinste Rinnsale. Dazu fügen sich feuchte und trockene Lehm, Sand- und Schotterflächen, die oft mit Findlingen durchsetzt sind. In den Randpartien geht die Grubensohle oft in steile Kies- und Sandwände über. Die Anzahl der Kleinbiotope ist abhängig von Relief, Gesteinstyp, Neigungswinkel, Exposition, Flächenausdeh-

Schützenswerte Biotope aus zweiter Hand stellen die ausgeschürften Kiesgruben dar, die besonders im Frühjahr optisch beeindrucken.

In den Sommermonaten lassen sich an alten wassergefüllten Kiesgruben oft Libellen beobachten, hier die Blaugrüne Mosaikjungfer.

nung, Grundwasserstand, Tiefe, Alter und Ausbeutungszustand des Geländes.

Neu entstandene Baggerseen werden rasch von Wasser- und Sumpfpflanzen erobert. Wind und Wasservögel bringen Samen und Sproßteile von anderen, oft weit entfernten Gewässern. Zu den Erstbesiedlern gehören die Armleuchteralgen, die am Grund des Gewässers einen dichten grünen Teppich bilden können und dadurch einen idealen Unterschlupf für zahlreiche kleine Wassertiere darstellen. Andere hier anzutreffende Wasserpflanzen (Hydrophyten) sind Schwimmendes Laichkraut, Wasserpest, Wasserhahnenfuß, Wasserknöterich und Wasserschlauch. Letzterer lebt untergetaucht und nur seine dottergelben Blüten

erscheinen in den Monaten Juli/August 5-15 Zentimeter über der Wasseroberfläche. Aus ernährungsphysiologischer Sicht ist die zu den Insectivoren (Insektenfresser) zählende Pflanze insofern interessant, als dass sie an ihren fein gegliederten Blättern blasenartige Organe ausbildet. Bei diesen handelt es sich um Saugfallen, die dem Tierfang unter Wasser dienen. Bei Berührung wird das Kleintier, z. B. ein Wasserfloh, in das Innere der Falle gesogen und hier mittels eiweißlösender Enzymen verdaut. Mehr in Ufernähe lassen sich Froschlöffel, Igelkolben, der Breitblättrige und in selteneren Fällen auch der Kleine Rohrkolben beobachten. Dieser war früher an unseren großen Flüssen recht häufig, ist hier aber weitestgehend verschwunden. In Kiesgruben hat die selten gewordene Pflanze einen Ersatzbiotop gefunden. Im Randbereich von Tümpeln und flachen Gewässern siedeln sich häufig Binsen und Seggen an, je nach den örtlichen Verhältnissen gesellen sich Gelbe Schwertlilie und weitere Sumpfpflanzen dazu. Wo Wasser ist, ist Leben. Dies gilt natürlich auch für die Kiesgrubengewässer, wo sich oft ein reges und vielfältiges Tierleben feststellen lässt. Die Artenvielfalt ist naturgemäß in älteren, gut bewachsenen Weihern am größten. Zu den auffälligsten Kleintieren des Wassers zählen die Libellen, und Bestandsaufnahmen haben ergeben, dass Kiesgruben heute zu den wertvollsten Libellenbiotopen gehören. In einzelnen Abbauarealen ließen sich über 20 Arten nachweisen. Diese hübschen und gewandten Insekten sind als Larven völlig ans Wasser gebunden. Erst nach einer Entwicklungszeit von einem bis mehreren Jahren verwandeln sie sich in flugfähige Tiere. Sie leben wie ihre Larven räuberisch, die ihre Beutetiere, meist andere Insekten, nicht nur am Wasser erjagen. Zu diesem Zweck hat sie die Natur mit sehr großen Facettenaugen ausgestattet, die ihnen ein äußerst scharfes Sehen in einem großen Blickwinkel ermöglichen. Unter der Vielzahl der anderen im und am Wasser lebenden Insekten und ihrer Larven seien an dieser Stelle nur noch die Köcherfliegen, die Schwimmkäfer, zu deren auffälligsten Arten Furchenschwimmer und Gelbrandkäfer gehören, Ruder- und Stabwanzen, Rückenschwimmer und Wasserläufer erwähnt.

Wie wissenschaftliche Untersuchungen und gründliche Bestandsaufnahmen ergaben, sind Kiesgruben die besten Amphibienbiotope. Offenbar können sich Frösche, Kröten und Molche aufgrund bestimmter Umweltverhältnisse in Kies- und Lehmgruben optimal entwickeln. Zu den Amphibienarten, die besonders eng an Grubenbiotope gebunden sind, gehört vor allem die Kreuzkröte. Das lebhafte Tierchen ist an seiner olivfarbenen, warzenbedeckten Oberseite und am gelben Streifen über den Rücken leicht zu erkennen. Der Laich wird mit Vorliebe in flache, oft kaum bewachsene Pfützen abgelegt. Ein typischer Grubenbewohner ist auch die Gelbbauchunke. Im Gegensatz zu den meisten Amphibien bleibt sie das ganze Jahr über im Wasser oder in dessen unmittelbarer Nähe. Die grau gefärbte Geburtshelferkröte führt ein unauffälliges Dasein. Der Name hängt mit dem eigenartigen Fortpflanzungsverhalten dieses Amphibiums zusammen. Bei der Paarung und Eiablage, die sich auf dem Trockenen abspielen, übernimmt das Männchen den Laichknäuel vom Weibchen, wickelt ihn um seine Hinterbeine und trägt die 30-

In aufgelassenen Stein- und Lavabrüchen kann man die wärmeliebende Blindschleiche beobachten.

40 Eier so lange mit sich herum, bis die Larven geschlüpft sind. Jetzt erst sucht es einen Weiher auf und entlässt die Kaulquappen ins Wasser. Mit dem kleinen Laubfrosch soll noch ein weiterer schwanzloser Lurch Erwähnung finden. Früher war dieses als Wetterfrosch bekannte Tierchen ein häufiger Bewohner tümpeldurchsetzter Auenwälder. Durch Regulierung unserer Fließgewässer wurde ihm der ursprüngliche Lebensraum genommen.

Auch Schmetterlinge wie der hübsche Schwalbenschwanz finden hier einen idealen Lebensraum.

Der Laubfrosch, der durch Haftscheiben an den Zehen als einziger einheimischer Lurch in der Lage ist, auch an glatten Stengeln und Blättern mühelos emporzusteigen, hat in tieferen Kiesgrubenweihern glücklicherweise einen Ersatzbiotop gefunden. Wasserfrosch, Grasfrosch und Erdkröte sind weitere Lurche, die in Kiesgruben häufig anzutreffen sind. Die beiden letztgenannten Arten suchen die Grubenweiher nur zur Eiablage auf.

Wasserführende Abbaugebiete erweisen sich auch für die vier einheimischen Molcharten als ideale Brutgewässer. Der Bergmolch, dessen ökologische Ansprüche eher als bescheiden zu bezeichnen sind, dürfte wohl in keiner Kiesgrube mit Weihern und Tümpeln fehlen. Faden-, Teich- und Kammolch sind hingegen bedeutend seltener. Ideale Lebensbedingungen findet in diesem Biotop auch ein amphibisch lebendes Reptil, die Ringelnatter. Diese harmlose Wasserschlange ernährt sich hauptsächlich von Fröschen.

Vögel finden sich in Kiesgruben nur ein, wenn die Umweltverhältnisse ihren Ansprüchen entsprechen. Dabei hängt die Zusammensetzung der Vogelwelt vor allem von der Fläche, dem Ausbeutungszustand und dem Alter der Grube ab. Am größten ist die Artenzahl in älteren deckungsreichen Gruben. Einer der typischen Kiesgrubenvögel ist die Uferschwalbe. Zur Anlage ihrer Nisthöhle benötigt dieser Vogel vegetationslose, senkrechte Sandwände. Hier graben diese Tierchen mit ihrem Schnabel bis etwa 60 Zentimeter tiefe Stollen, deren hinteres Ende zu einer faustgroßen Höhle erweitert ist. Seit einigen Jahren ist auch der Flussregenpfeifer zum Kiesgrubenvogel geworden. Früher brütete er ausschließlich auf vegetationsarmen, kiesig-sandigen Ufern an Flüssen oder Seen. Da die natürlichen Brutplätze stark zusammengeschmolzen sind, fand der seltene Watvogel glücklicherweise in einzelnen Kiesgruben zusagende Ersatzbiotope. In Kiesgruben, die eine einigermaßen große

Wasserfläche aufweisen, wird der Zwergtaucher nicht fehlen, ebenso finden sich hier verschiedene Entenarten sowie Bläß- und Teichhuhn ein. Vielen Vögeln dienen Kiesgruben als Raststätte. Hauptsächlich Sumpf- und Wasservögel machen als Gäste für kurze Zeit Halt, um hier neue Kräfte für die Weiterreise zu sammeln.

Schutthaufen, trockenwarme Sandplätze, mit Ödlandpflanzen durchsetzte Kiesflächen und sonnenexponierte Steilhänge sind einzigartige Refugien für das Heer der wärmeliebenden Kleintiere. Innerhalb der Wirbeltiere gehören neben Zaun- und Mauereidechse die Blindschleiche und die Schlingnatter zu diesen »Sonnenanbetern« der Kiesgrube. Der bunte Blütenflor der Ruderalpflanzen lockt zahlreiche hübsche Schmetterlinge an, die hier Nektar und auch Nahrung für ihre Larven finden. Ausgesprochene Kiesgrubeninsekten sind die räuberischen Laufkäferarten, die als äußerst flinke Fleischfresser auf andere Kleintiere Jagd machen und diese mit ihren kräftigen Mundwerkzeugen überwältigen. Zu den wärmeliebenden Insekten gehören auch die Heuschrecken, die vor allem mit der Blauflügeligen Ödlandschrecke einen bestens angepassten Vertreter aufzuweisen haben. Die wohl auffälligste und schönste unter den auch zahlreich vertretenen Spinnen ist die Zebraspinne, die zu ihrem Beutefang ein charakteristisches Radnetz baut. Erstaunlich groß ist auch die Zahl der solitär lebenden Bienen- und Wespenarten, welche die trockenen Grubenbiotope besiedeln. Während einige in lockeren Sandböden ihre Brutstollen anlegen (Hosenbiene), benötigen andere morsches Holz (Blattschneiderbiene) oder sie betätigen sich als perfekte Maurer (Mörtelbiene). Lehmwespen benutzen sogar abgebrochene Brombeerzweige, in deren Markzylin-der sie Gänge nagen und darin Lehmzellen für ihre Brut anlegen.

Was zur Kiesgrube gesagt wurde, gilt weitgehend auch für aufgelassene Lavagruben und Steinbrüche. Diese zeigen als zusätzliche Strukturelemente steile Fels- und Aschenwände mit verschiedenen Gesteinstypen, Neigungswinkeln, Gesamthöhen und Feinreliefs, was sich im unterschiedlichen Mikroklima widerspiegelt. Durch physikalische Verwitterung nach dem Ende der Abbauarbeiten haben sich an der Basis der Lavawände oft breite Schuttfächer aus Material unterschiedlicher Korngröße gebildet. Grobe, übereinandergetürmte Blöcke stellen wiederum einen Kleinbiotop besonderer Art dar. Offengelassene Steinbrüche und Grubenareale weisen demnach ein Mosaik unterschiedlicher Biotope mit einer dementsprechend großen Artenvielfalt an krautigen Pflanzen auf. Nach einigen Jahren lassen sich dann auch verschiedene Holzgewächse erkennen. Hier sind in erster Linie Salweiden, Birken, Heckenrosen und Kiefern zu nennen, die als Einzelpflanzen oder in lockeren Beständen auftreten. Als reichhaltig ist hier auch das Arteninventar der Tiere zu nennen. Die durch die Abbauarbeiten entstandenen steilen Felswände, die mit Felspartien in der Naturlandschaft vergleichbar sind, stellen oft ideale Brutplätze für Felsbrüter dar, unter denen sich auch so bedrohte Arten wie Wanderfalke und Uhu befinden. Wo tiefe Felsspalten, Halbhöhlen oder sogar tiefere Stollen entstanden sind, finden die schutzbedürftigen Fledermausarten ein Überwinterungsquartier. Selbst zurückgelassene rostende Bagger, halb verfallene Gebäude und Kranverschläge können für bestimmte Tierarten als Ruhe- oder Nistplatz von Bedeutung sein.

Nicht selten werden die abgeschiedenen und windgeschützten Lavagruben und Steinbrüche von dem anpassungsfähigen Rehwild und Reineke Fuchs aufgesucht, und zwar dann, wenn bereits ein entsprechender Aufwuchs verschiedener Holzgewächse vorhanden ist, der Deckung und Äsung bietet.

Alle aufgezeigten Argumente machen allzu deutlich, zu welch wertvollen Lebensräumen sich stillgelegte Steinbrüche und Grubenareale entwickeln können. In unserer ohnehin schon weitgehend monotonen Zivilisationslandschaft sind sie einer Rekultivierung unbedingt vorzuziehen. Die in neuerer Zeit von verschiedenen Verbandsgemeinden im Eifelraum vorbildlich eingerichteten geologischen Lehrpfade können sowohl dazu beitragen, solche Aufschlüsse als Forschungs- und Demonstrationsobjekte zu bewahren und gleichzeitig der zurückkehrenden Natur ihre Chance geben.

Verlassen ist der alte Basaltlavabruch. Die Hebezüge, die einst das schwere Gestein nach oben transportierten, sowie ihre verbretterten Führerkabinen sind dem Verfall preisgegeben.

Landschaftsräume der beschriebenen geologischen Highlights, von denen aus die Streifzüge weite Teile der Eifel erschließen.

	Bitburg-Trierer Bucht		Wittlicher Senke		Westliche Vulkaneifel
	Gerolstein-Hillesheimer Region		Vulkanische Hocheifel		Mayen-Laacher Region

Stillgelegter Basaltbruch bei Hinterweiler

Für weitere Informationen zu den angegebenen Regionen im Eifelraum stehen folgende Ansprechpartner zur Verfügung:

Tourismus & Service GmbH Ahr-Rhein-Eifel
53448 Bad Neuenahr-Ahrweiler
Tel. 02641-9773-0
E-Mail: info@wohlsein365.de

Eifel-Tourismus (ET) GmbH
54595 Prüm
Tel. 06551-9656-0
E-Mail: info@eifel.info

Mosellandtouristik
54470 Bernkastel-Kues
Tel. 06531-2091
E-Mail: info@mosellandtouristik.de

Touristinformation Mayen
56727 Mayen
Tel. 02651-903004
E-Mail: touristinfo@mayen.de

Touristinformation Manderscheid
54531 Manderscheid
Tel. 06572-932665
E-Mail: touristinfo.manderscheid@t-online.de

Touristinformation Brohltal
Kapellenstraße 12
56651 Niederzissen
Tel. 02636-19433
E-Mail: tourist@brohltal.de

Horngraben beim Mosenberg

Eifelmuseen:

Eifel-Vulkanmuseum Daun
Leopoldstraße 9
54550 Daun
Tel. 06592-985353
Fax 06592-985355

Maarmuseum Manderscheid
Wittlicher Straße 11
54531 Manderscheid
Tel. 06572-920310
Fax 06572-920315

Naturkundemuseum Gerolstein
Hauptstraße 42
54568 Gerolstein
Tel. 06591-5235 oder
Tel. 06591-13180

Vulkanhaus Strohn
Hauptstraße 38
54558 Strohn
Tel. 06573-953721
Fax 06573-953722

Naturerkundungsstation Teufelsschlucht
Ferschweiler Straße
54668 Ernzen
Tel. 06525-93393-0
Fax 06525-93393-9

Deutsches Vulkanmuseum Mendig
Brauerstraße 5
56743 Mendig
Tel. 02652-4242
Fax 02652-989774

Eisenmuseum Jünkerath
Römerwall
54584 Jünkerath
Tel. 06597-1482
Fax 06597-4871

Geologische Sammlung Hillesheim
Burgstraße 20
54576 Hillesheim
Tel. 06593-8092-00
Fax 06593-8092-01

Eifelmuseum Mayen
Genovevaburg
56727 Mayen
Tel. 02651-903561
Fax 02651-903557

Rheinisches Freilichtmuseum
Auf dem Kahlenbusch
53894 Mechernich-Kommern
Tel. 02443-99800
Fax 02443-9980133

Deutsches Schieferbergwerk
Adorf-Halle am Mayener Grubenfeld
An den Mühlsteinen 5
56727 Mayen

Vulkanpark - Infozentrum Rauschermühle
Rauschermühle 6
56637 Plaidt
Tel. 01801-885526

Felsen im Ferschweiler Plateau (Luxemburger Sandstein)

Glossar

Andesit:	Junges intermediäres vulkanisches Gestein, aus der Tiefe der Erde an die Oberfläche gelangt und dort erstarrt.
Aufschluss:	Stelle an der Erdoberfläche, an der das den Untergrund aufbauende Gestein zutage tritt. Natürliche Aufschlüsse (z.B. Felswände) und künstliche (z.B. Steinbrüche).
Augit:	Mineral von dunkelgrüner bis schwarzer Farbe, undurchsichtig, kurzsäulig mit achteckigem Querschnitt, Calciummagnesiumeisensilikat.
Basalt:	Dunkles basisches Ergußgestein, kommt als Lavadecken und -ströme sowie als Aschen und Tuffe vor; säulenförmige Absonderung (Sechseck) bei langsamer Abkühlung.
Bims:	blasig-schaumiges, meist helles, vulkanisches, sehr leichtes, saures Gestein.
Biotit:	Braunes bis schwarzes Mineral, Schichtsilikat.
Bomben:	Vulkanische Auswurfprodukte; durch Rotation nehmen die Lavafetzen in der Luft kugelförmige bis eiförmige Gestalt an (>64 mm).
Brachiopoden:	Armfüßler; Tierklasse, die im Erdaltertum (Devonmeer) ihre größte Verbreitung hatte.
Buntsandstein:	Älteste Ära der germanischen Trias vor 225-215 Mio. Jahren.
Cephalopoden:	Kopffüßler; gehäusetragende Tintenfische (Ammoniten, Belemniten), die im Edaltertum (Devonmeer) ihre größte Verbreitung hatten.
Devon:	Geologische Periode im Erdaltertum vor 400-350 Millionen Jahren (Unter-, Mittel-, Oberdevon).
Dogger:	Mittlere Epoche des Jura vor 172-157 Millionen Jahren, reich an Eisenerzen (s. Minette, Lothringen).
Eozän:	Geologische Epoche im Tertiär (Erdneuzeit) vor 58-37 Millionen Jahren.
Eutrophierung:	Überdüngung von Binnengewässern, durch viele Mineralsalze üppiges Pflanzenwachstum (Algen, höhere Pflanzen) führt oft zum Umkippen des Gewässers.
Feldspat:	Umfasst eine wichtige Mineralienfamilie mit zahlreichen Arten.
Harnischen:	Durch Reibung von Gestein gegen Gestein geschrammte oder geglättete Flächen.
Jura:	Mittlere Periode des Erdmittelalters (Schwarzer, Brauner und Weißer Jura) vor 195-137 Millionen Jahren.
Känozoikum:	Bezeichnung für die Erdneuzeit, die Formationen Tretiär und Quartier amfasst.
Kambrium:	Geologisch älteste Periode im Erdaltertum vor 600-500 Millionen Jahren.
Karbon:	Steinkohlenzeit, zweitjüngste Phase im Erdaltertum vor 350-280 Millionen Jahren.

Keuper:	Jüngste Abteilung der germanischen Trias vor 205-195 Millionen Jahren. Grauweißes sandig-steiniges bis mergeliges Material.
Lapilli:	Runde vulkanische Auswurfmassen mit 2-64 Millimeter Durchmesser.
Leitfossilien:	Fossile Tier- und Pflanzenarten, die in einer bestimmten geologischen Formation dominieren, also als Charakterarten vertreten sind.
Lias:	Unterer oder Schwarzer Jura, geologische Abteilung im Erdmittelalter vor 195-172 Millionen Jahren.
Maar:	Eine durch vulkanische Wasserdampfexplosion entstandene trichterförmige Hohlform, deren Wand aus Grundgebirge besteht.
Malm:	Oberer oder Weißer Jura, geologische Epoche im Erdmittelalter vor 157-137 Millionen Jahren.
Mesozoikum:	Erdmittelalter mit den Abteilungen Trias, Jura und Kreide.
Muschelkalk:	Mittlere Abteilung der germanischen Trias vor 215-205 Millionen Jahren.
Ökologie:	Lehre von den Wechselbeziehungen der Organismen und ihrer Umwelt.
Ordovizium:	Zweitälteste geologische Abteilung im Erdaltertum vor 500-405 Millionen Jahren.
Paläontologie:	Wissenschaft, die sich mit der fossilen Tier- und Pflanzenwelt beschäftigt.
Paläozoikum:	Erdaltertum, umfaßt die Abteilungen Kambrium, Ordovizium, Silur, Devon, Karbon und Perm (285-225 Millionen Jahre).
Perm:	Jüngste Abteilung im Erdaltertum, unterteilt sich in Rotliegendes und Zechstein.
Phonolith:	Graugrünes feinkörniges Ergußgestein, häufig Einsprenglinge (Feldspäte) z.T. in dünnen Platten, die beim Anschlagen klingen (Klingstein).
Pyroklastika:	Lockeres, vulkanisches Auswurfmaterial.
Quartär:	Jüngste Abteilung der Erdneuzeit, unterteilt in Eiszeit (Pleistozän) und Jetztzeit (Holozän), vor 2 Millionen Jahren bis heute.
Rippelmarken:	Wellenförmige Gliederung einer Sedimentoberfläche, hervorgerufen durch Wind oder Wasser.
Rotliegendes:	Älteste Abteilung des Perm vor 285-240 Millionen Jahren.
Runsen:	Senken zwischen den Sätteln (Scharren) in der Keuperkleinlandschaft.
Sanidin:	Feldspat.
Scharren:	Sättel zwischen den Runsen in der Keuperkleinlandschaft.
Sedimentgesteine:	Schichtgesteine, durch Verfestigung aus Sedimenten oder Ablagerungen hervorgegangen.
Silur:	Zweitälteste Periode des Erdaltertums, vor 500-405 Millionen Jahren.

117

Zertifiziert nach DIN EN ISO 9001:2000 durch DVS ZERT e.V.

- Stahlhallenbau
- schlüsselfertiger Hallenbau
- Industrie- und Geschossbau
- Verbundbau
- Stahlkonstruktionen für Anlagenbau

ZIEMANN
Stahlbau

Stahlbau Ziemann GmbH
Lilienthalstr. 2 · 54516 Wittlich
Tel. 06571/6908-0 Fax -24
info@ziemann-stahlbau.com
www.ziemann-stahlbau.com

Stromatoporen: Ausgestorbene koloniebildende Meeresorganismen von Devon-
bis Kreidezeit. Gesteinsbildner (Geologie).

Tertiär: Älteste Periode des Känozoikums (Erdneuzeit), vor 65-2 Millionen Jahren

Traß: Abgelagerter Aschenstrom, Glutlawine aus vulkanischen Aschen
und Bimslapilli.

Trachyt: Helles alkalisches Ergußgestein mit hohem Feldspatanteil, Tertiär.

Trias: Älteste Phase des Erdmittelalters, vor 248-213 Millionen Jahren

Trilobiten: Dreilappkrebse, ausgestorbene Meerestiere aus dem Devon.

Variskisches Gebirge: Großes Gebirge, im jüngeren Erdaltertum (vor allem Karbon) entstanden, erstreckte sich in westöstlicher Richtung vom heutigen
franz. Zentralmassiv bis zu den Sudeten.

Literaturhinweise

BARTELS, CHR.: Hunsrückfossilien aus der Südosteifel, Kosmos 1978, Heft 10

BINSFELD, W. u. a.: Südwestliche Eifel: Bitburg, Daun, Prüm, Wittlich Führer zu vor- und frühgeschichtlichen Denkmälern 33, Mainz 1977

BERNSTEIN, ST.: Der Dreimühlener Wasserfall bei Ahütte, ein Kleinod auf Zeit, Rheinische Heimatpflege, N. F., 14, Köln 1977

ESCHGHI, KASIG, LASCHET : Geo-Pfad der VG Hillesheim

FELTEN, H.-P.: Das Ende des Nohner Wasserfalls? Naturschutz in Rheinland-Pfalz, Jg. 1, Dez. 1985

FRECHEN, HOPMANN, KNETSCH: Die vulkanische Eifel, Stollfuss Verlag Bonn

GREWE, K.: Äquadukt-Marmor als Schmuckstein der Romantik, Eifel-Jahrbuch 1994, Düren

HENTSCHEL, G.: Die Mineralien der Eifelvulkane, München 1983

HÖRTER, F.: Dachschiefer aus dem Amt Mayen, Eifel-Jahrbuch 1994, Düren

HÖRTER, F.: Mühlsteinhöhlen in der Eifel, Eifel-Jahrbuch 1995, Düren

IRION, G., NEGENDANK, J.: Das Meerfelder Maar, Cour. Forsch.-Inst. Senckenberg 65, 1984

KANZLER, H. B.: Die Geologie der Südeifel, Die Eifel (Zeitschrift des Eifelvereins), Jg. 88, Heft1, 1993

KASIG, W.: Der Mensch und die geologischen Gegebenheiten - ein Beitrag zur Anthropogeologie der Eifel - unveröffentl. Forschungsbericht, Aachen 1990

KREMER, B. P., STEINICKE, B.: Eifelmaare, Köln 1993

KREMER, B. P., CASPERS, N.: Das Ahrtal, Rheinische Landschaften 23, Neuss 1982

KREMER, B. P., CASPERS, N.: Die Maare der westlichen Vulkaneifel, Rhein. Landschaften 5, Neuss 1986

LORENZ, V.: Maare und Schlackenkegel der Eifel, Spektrum d. Wissensch., Februar 1982

Landschaftsplan Vulkaneifel, Kaiserslautern 1968

LUTZ, H.: Fossilfundstätte Eckfelder Maar, Landessammlung für Naturkunde Rheinland-Pfalz, Mainz 1998,

MADER, D.: Sedimentologie und Genese des Buntsandsteins in der Eifel, Zeitschr. dt. geol. Ges., 133, Hannover 1982

MEYER, W.: Geologie der Eifel, 3. Aufl., Stuttgart 1994

MEYER, W.: Geologischer Wanderführer: Eifel, Stuttgart 1983

MEYER, W.: Das Vulkangebiet des Laacher Sees, Rhein. Landsch. Nr. 9, Neuss 1988

MEYER, W., KREMER, B. P.: Das Vulkangebiet der Hocheifel, Rhein. Landschaft. Nr. 29, Neuss 1986

Meyers Naturführer Eifel, Mannheim, Wien, Zürich 1990

NEGENDANK, J.: Trier und Umgebung, Sammlung geolog. Führer, Bd. 60

NEGENDANK, IRION, LINDEN: Ein eozänes Maar bei Eckfeld nordöstlich Manderscheid, Mainzer geowiss. Mitteil., 1982

NEU, P.: Eisenindustrie in der Eifel, Werken und Wohnen, Volkskundl. Untersuch. im Rheinland, Bd. 16

SAUER, F.: Die Eifel in Farbe, Kosmos, Stuttgart 1975

SCHMINCKE, H. U.: Vulkane im Laacher See-Gebiet, Bode Verlag 1988

SCHNIEPP, H.: Die Evolution der Erde, Kosmos Bibliothek, Bd. 271, 1971

SCHNIEPP, H.: Versteinerungen, Kosmos Bibliothek, Bd. 291, 1976

SCHUMANN, W.: Steine und Mineralien, München 1975

SPIELMANN, W.: Die Kiesgruben bei Binsfeld-Niederkail, ein höchst schutzwürdiger Lebensraum, Jahrbuch des Kreises Bernkastel-Wittlich 1983

SPIELMANN, W.: Das Strohner Maarchen, Eifel-Jahrbuch 1983, Düren

SPIELMANN, W., STEINICKE, D. B.: Das Meerfelder Maar, Eifel-Jahrbuch 1982, Düren

STEINICKE, B.U. G.: Eifel, Würzburg 1993

STEININGER, J.: Geognostische Beschreibung der Eifel, Trier 1853

ULRICH, J.: Die Mineralquellen der Vulkaneifel und ihre wissenschaftliche Auswertung, Gewässer und Abwässer 1958 : 66-80, Düsseldorf

VOGT, H. H.: Uhren für die Erdgeschichte, Kosmos 1983, Heft 8

Register

RHEIN-MOSEL-VERLAG

Literatur und Sachbücher & Elektronische Publikationen

- Regionalbezogene klassische Literatur
  u.a. Clara Viebig

- Literatur vom Lande
  u.a. Katharina Wolter, Armin Peter Faust, Georg Giesing

- Gegenwartsliteratur aus der Region
  u.a. Hubert vom Venn, Günter Ruch

- Sachbücher aus der Region

- Landschaft, Geschichte, Reiseführer

- RMV-Regional-Romane

- Ortschroniken und andere Auftragsproduktionen

- Reiseführer im Internet:
  www.moselreise.de
  www.eifelreise.de
  www.rheinreise.de
  www.hunsrueckreise.de
  www.nahereise.de

- Internetauftritte von der Homepage bis zum kompletten Shop

Rhein-Mosel-Verlag

Bad Bertricher Straße 12   56859 Alf/Mosel
Tel. 06542/5151   Fax 06542/61158
e-mail: info@rmv-web.de
http: www.rmv-web.de